探秘地球村

黄永昌　周保明　著

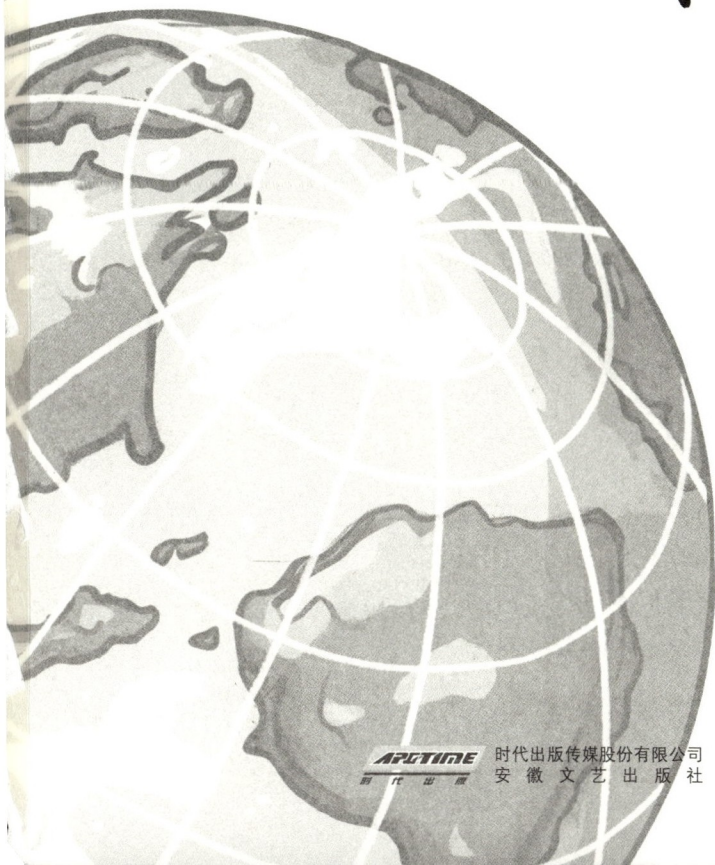

时代出版传媒股份有限公司
安徽文艺出版社

图书在版编目（ＣＩＰ）数据

探秘地球村 / 黄永昌，周保明著. -- 合肥 ：安徽
文艺出版社，2025. 1. -- ISBN 978-7-5396-8147-4

Ⅰ．P9-49

中国国家版本馆 CIP 数据核字第 2024VN0060 号

探秘地球村

TANMI DIQIUCUN

出 版 人：姚　巍

责任编辑：王婧婧　　　　　　　　　　　封面设计：李　超

....

出版发行：安徽文艺出版社　　www.awpub.com

地　　址：合肥市翡翠路 1118 号　　邮政编码：230071

营 销 部：(0551)63533889

印　　制：永清县晔盛亚胶印有限公司 (0316)6658662

....

开本：700×1000　1/16　印张：12.25　字数：160 千字

版次：2025 年 1 月第 1 版

印次：2025 年 1 月第 1 次印刷

定价：69.50 元

....

（如发现印装质量问题，影响阅读，请与出版社联系调换）

目录

第一章　地球采风

常绿的热带植物王国 / 3

一岁一枯荣的热带草原 / 5

神秘的撒哈拉沙漠 / 7

南美洲独特的动植物 / 9

古生物活化石博物馆 / 12

在夏绿阔叶林里 / 14

风吹草低见牛羊 / 16

温带沙漠里的生命 / 18

茫茫的针叶林海 / 20

苔原带的生命力 / 22

"绿色的大地"不绿 / 24

冰雪世界南极洲 / 27

世界屋脊青藏高原 / 30

地球之巅珠穆朗玛峰 / 32

美国西部的犹他州荒原 / 34

赤道雪峰乞力马扎罗山 / 36

太平洋上的"龟岛" / 38

1

第二章　地貌奇观

黄山归来不看岳 / 43

桂林山水甲天下 / 45

万箭插天的路南石林 / 47

雅鲁藏布大峡谷 / 49

荒漠中的魔鬼城 / 51

神秘的乐业天坑群 / 53

日本圣山富士山 / 55

风光迷人的下龙湾 / 57

菲律宾的火山群 / 59

地球上的伤疤 / 61

挪威的峡湾海岸 / 63

巨人之路海岸 / 65

荒原上的艾尔斯巨岩 / 67

科罗拉多大峡谷 / 69

美国的魔鬼塔 / 71

神奇的天生桥拱 / 73

猛犸洞穴国家公园 / 75

第三章　气象万千

世界热极在哪里 / 79

世界冷极在何方 / 81

借问春城何处有 / 83

三大火炉与火洲 / 85

下雨最多的地方 / 87

终年无雨的地方 / 89

世界暴雨中心 / 91

黄梅时节家家雨 / 93

飘飘悠悠的雪花 / 95

从天而降的冰雹 / 97

当寒潮袭来的时候 / 99

台风的巨大威力 / 101

风暴之神飓风 / 103

气象海啸风暴潮 / 105

龙卷风的破坏力 / 107

一山有四季，十里不同天 / 109

北极岛屿的消失 / 111

第四章　百川归海

定期泛滥的尼罗河 / 115

河流之王亚马孙河 / 117

不尽长江滚滚流 / 119

众水之父密西西比河 / 121

水成泥流的黄河 / 123

天河雅鲁藏布江 / 125

圣水之河恒河 / 127

东南亚国际河流湄公河 / 129

奔腾咆哮的刚果河 / 131

五海通航的伏尔加河 / 134

蓝色的多瑙河 / 136

奇妙的河流 / 138

壮观的黄果树瀑布 / 140

声若雷鸣的维多利亚瀑布 / 142

世界最宽的伊瓜苏瀑布 / 144

世界最高的安赫尔瀑布 / 146

"雷神之水"尼亚加拉瀑布 / 148

第五章　文明遗迹

失落的亚特兰蒂斯文明 ／ 153

英格兰的巨石阵 ／ 155

掩埋在地下的古城 ／ 157

灿烂的迈诺斯文明 ／ 159

消逝千年的楼兰古城 ／ 161

湮没的古格王城 ／ 163

被废弃了的吴哥窟 ／ 165

土耳其的地下城市 ／ 167

神秘的埃及金字塔 ／ 169

泯灭的亚历山大灯塔 ／ 171

大津巴布韦石头城 ／ 174

消失了的玛雅文明 ／ 176

奇琴伊察古城废墟 ／ 178

比米尼海底大墙 ／ 180

史前的蒂亚瓦纳科城 ／ 182

云雾笼罩的马丘比丘 ／ 184

复活节岛上的石像 ／ 186

第一章 地球采风

常绿的热带植物王国

赤道横穿非洲大陆中部，非洲有3/4的地方位于南北回归线之间，大部分地区年平均气温在20℃以上，被称为炎热的大陆。非洲的干燥地区面积较广，但是刚果盆地、几内亚湾沿岸和马达加斯加岛东部地区，位于赤道附近，终年高温，雨水丰沛，气候湿润，月平均气温在25℃～30℃之间，年降水量在1500毫米以上，各月雨量分配均匀。在这种湿热的气候条件下，植物生长繁茂，郁郁葱葱，四季花开，四季果熟，成为一片常绿的热带植物王国。非洲热带雨林面积约60万平方千米，仅次于南美洲亚马孙河流域，是世界第二大热带雨林区。

雨林区有珍贵的木材乌木、红木、檀木、花梨木等。竞相生长的乔木高耸入云，冠盖相接，枝叶繁茂，不见蓝天。高大乔木下又生长着一些低矮的乔木，分成多层次，有各种不同的高度。下层的乔木常常与灌木相互连接，错综生长。乔木的主干有的是圆柱形，有的是尖锥形，有的像一束蜡烛粘在一起，有的树干基部长着一块块翼状的板根。

阳光很难透过茂密的树林，因此林中显得十分阴暗，草类很少生长，但是藤本植物却生长得很茂盛。那些粗壮的藤子，长可达百米，甚至数百米，它们沿着树干、枝丫向上盘绕攀缘，在树木间交叉缠绕，又不知从哪里倒垂下来，密密匝匝地织成了一道天然的绿色丝网，挡住了人们前进的道路，令人寸步难行。还有一些藻类、苔藓、地衣、蕨类等附生植物，附生在乔木、灌木或藤本植物上，甚至附生在叶片上，形成树上生树、叶上长草的奇妙景象。这些植物发出幽暗的绿光，盛开着色彩鲜艳的花朵，仿佛是"空中的花园"。

与外界树木大部分顶部开花结果的情况不同，这里的一些树木底部的老茎上会再度开花结果。有的树木从空中垂下丝丝缕缕的根茎，钻入泥土，生根发芽，甚至长大连接成林。

热带雨林中栖息着各种各样珍奇的动物。鹦鹉等鸟类大都巢居在雨林的最上层；猩猩和猿猴利用藤蔓在林间攀缘活动，采摘果子吃，占领着雨林的中层；地面一层特别阴暗潮湿，除了河马、犀牛和大象外，还有鳄鱼和蛇等出没。

热带雨林终年绿树掩映，如一条绿色丝带环绕在赤道周围，是非洲地区的氧吧和肺叶。在森林中，水源到处可见，树木的倩影倒映在水中，绿影婆娑，惹人怜爱，不知是树木装点了水的妩媚，还是水滋润了树木。这里的每一片森林，永远都呈现出青翠欲滴的景象。

在这里抬头看不到蓝莹莹的天，脚底接触不到干燥、硬质的土地，只有苔藓丛生，落叶满地。一脚踩下去，软软的像踩在海绵上一样。地面上总是湿漉漉的，稍不留神就有可能滑倒。密林间昏暗的光线又给不时出没的蛇虫蒙上了一层昏黄的色彩，不由得令人胆战心惊，唯恐避之不及。一步一斟酌，三步一徘徊，在危险中行走，让人难免战战兢兢，却又被这美丽而迷人的未知世界吸引着。

一岁一枯荣的热带草原

热带草原分布在热带雨林的南北两侧，非洲、南美洲和大洋洲的热带草原面积都十分辽阔，其中，非洲的热带草原面积最大。

非洲的热带草原范围，包括北纬 7°～15°之间的地区、东非高原、南非高原北部和马达加斯加岛西部。那里的年平均气温在 20℃以上，年降水量为 500～1000 毫米，降水大都集中在一个季节，因此一年中有明显的湿季和干季的区分。

同是热带草原，赤道以北和赤道以南的季节完全相反。每年 5～10 月，非洲北部是夏季，赤道低气压带移到赤道以北，盛行上升气流，加上从几内亚湾吹来湿润的西南风，降水丰沛，形成湿季。这时候，非洲南部正值冬季，在副热带高气压带和盛行的东南信风影响下，干燥少雨，形成干季。

从每年 11 月到第二年 4 月，非洲北部是冬季，赤道低气压带移到赤道以南，来自撒哈拉沙漠和西亚的东北信风十分干燥，就形成降水稀少的干季。这时候，非洲南部正值夏季，受强烈的太阳光热的影响，上升气流旺盛，降水丰沛，形成湿季。

非洲热带草原上，大多分布着禾本科的密高草，一般高 1～3 米，有旱生特性，叶狭窄，卷成筒形，直立丛生，以减少水分的蒸

5

发。草原上稀疏地点缀着巨大的波巴布树和伞状的金合欢树等，呈现出高草稀树的景色。湿季时，植物生长茂盛，一片葱绿；到了干季，树木落叶，野草枯黄，草原呈现出另一番景象，真可谓"离离原上草，一岁一枯荣"。

辽阔的非洲热带草原，为许多大型食草动物提供了良好的生活环境。那里栖息着成群的羚羊、角马、斑马、犀牛、长颈鹿和非洲象等，同时也成为食肉动物狮子、猎豹、豺狼、猎狗等追捕食草动物最活跃的地方。食草动物在生存竞争中，几乎都练成了独特的本领：灵敏的视觉、听觉和嗅觉，长出条纹、斑纹等保护色，而且大都善于奔跑。

热带草原干湿季节交替出现。干季时，草木枯萎、水源缺乏促使许多食草动物作长途的季节性迁徙，到热带雨林边缘去寻找食物和水源，食肉动物因跟踪追击食草动物，也随着迁徙。湿季时，由于草木生长茂盛，水源充足，食草动物和食肉动物又会成群结队，长途跋涉，返回热带草原。

在东非的塞仑格提草原，可以看到一年一度壮观的动物大迁徙景象。每年6～7月间，当那里的河流干涸、牧草枯黄时，草原上的角马开始向中部聚集，然后汇成浩浩荡荡的角马大军，向西北进军到水草丰美的马拉河流域。到了11月，塞仑格提草原雨季来临，牧草繁茂，上百万头角马又长途跋涉，回到自己的故乡。

随同角马一起迁徙的还有羚羊和斑马。这时候，人们在飞机上俯瞰草原，可见黑压压的一片动物混合群体在蠕动，逶迤十几千米，蔚为壮观！以奔跑快捷而著称的猎豹，以猎食角马为生的狮子，还有豺狼和猎狗等，也跟踪而至，角马、羚羊、斑马中的老弱病残和掉队者，将会首先成为它们的美餐。

神秘的撒哈拉沙漠

撒哈拉大沙漠是世界上最大的沙漠，它位于非洲北部地区，西起大西洋沿岸，东到红海之滨，总面积约 932 万平方千米。

撒哈拉大沙漠是世界上炎热而又干燥的地区，这里地处副热带高压带，常年为热而干的大陆性气团所控制，气候干旱，雨水很少，年降雨量不到 100 毫米，有些地方常年万里晴空，阳光灼照，不见滴雨，动植物很少。夏季最高气温可升到 50℃ 以上，白天光秃秃的沙石上温度高达 70℃，鸡蛋、肉片等食品放在石头上暴晒 1 个小时，就可以食用了；到了夜晚，由于沙石散热快，温度会降到 0℃ 以下。

"撒哈拉"，在阿拉伯语中是"空虚无物"的意思。它是由许多大大小小的沙漠组成的沙的海洋，地形平坦，到处是砾石堆积的戈壁和细沙积聚而成的沙丘。

撒哈拉大沙漠的天气变化无常，一旦遇到沙暴，沙漠就像万千条巨龙，搅得天昏地暗，能吞噬一切。1805 年，一支由 2000 匹骆驼组成的大商队穿过撒哈拉沙漠，不巧遇上了沙暴，几千条生命被无情的黄沙吞噬，无一幸免。

沙漠地区尽管气候干燥，植物稀少，但柽柳、合欢等植物照样在那里顽强地生长。沙漠植物适应干旱环境的方式多种多样。有的以种子形式维持生存，一遇降雨，能在一昼夜间发芽，在短短几个星期内迅速完成生长、开花和种子成熟的全过程。有的生理结构发生变异：龙舌兰在叶中贮水，仙人掌在茎中贮水。有的在旱季来临时，叶片全部脱落或者地上部分枯萎，仅留地下部分，等待雨季到来，再度萌发。

沙漠中的动物也有耐干旱、奔跑快的特性，如鸵鸟、羚羊等。"沙漠之舟"单峰骆驼可以一周不饮水，10 天不吃食物。有一种铲足蟾蜍，在旱季到来时，它用后足挖洞穴，隐藏在地下夏眠，休眠时间一次竟有八九个月。一旦雨水浸湿了土地，它就从洞中出来，到附近的水塘中去繁殖后代。

在人们的想象中，撒哈拉是一片浩瀚的沙海，是人迹罕至的不毛之地。事实上，撒哈拉不光是沙石的海洋，还有白雪皑皑的山峰、石化的森林、干涸的河床和盐湖的遗迹。

其实，在远古时代，撒哈拉的气候较温和湿润。考古学家在阿尔及利亚的塔舍里地区、利比亚的费赞和苏丹的乌瓦纳托山岩壁的底部，发现了很多洞穴，是古代人的天然藏身处所。洞穴的岩壁上，留下了丰富多彩的壁画和雕刻。科学家认为，6000 多年前，那里的山坡上布满了阿勒波松和四季常青的橡树，现在干涸在沙漠和岩石上的河床痕迹，是当时的大河。可以想象到，那里曾经是遍地青草，牛羊成群，鸟飞兽走，河流湖泊碧波粼粼，鱼儿众多。栖息于岩洞中的撒哈拉人，经历了新石器时期的文明，过着放牧、农耕的生活。后来，气候不再温暖潮湿，降水变得越来越少，沙漠化的脚步越来越快，地理环境日趋恶劣，昔日的绿洲最终变为今日的撒哈拉。

南美洲独特的动植物

南美洲有着多种多样的气候类型，因而相应地孕育了各种各样的动植物，在热带常绿雨林、热带草原和安第斯山脉中生长的动植物，不仅丰富多样，而且许多是南美洲特有的。

亚马孙平原是世界上最大的热带雨林区。无数的乔木、灌木、草本和攀缘植物组成多层次的郁闭丛林，各种树木交错生长，密密丛丛，一层又一层，最多的可达11层。林冠的顶部波浪似的起伏，参差不齐，从飞机上俯瞰，是一片茫茫无际的绿色海洋，它的面积比世界上最大的海——珊瑚海还大得多。

林海中生长着几万种植物，仅仅是贵重木材就有几百种，如巴西樱桃果、三叶胶、蚁巢木、红木、乌木、绿心木等等。巴西樱桃果是森林中生长最高的树木，可生长至80米，结的果实可食用，富有营养价值。那里还有能分泌牛奶般液体的乳木，可制造人造象牙的象牙椰子等。天然橡胶、可可树和金鸡纳树的故乡也在那里。有种叫王莲的水生植物，淡绿色的莲叶漂浮在河湾的水面上。叶的周围有边，像一只大平底锅，莲叶直径有2～2.5米。叶面很光滑，上面站上一个35千克的孩子，也不会沉下去。

南美洲还有世界上最轻的树木，它叫巴萨尔木，有15～35米高，其树干笔直，顶上长着巨大的椭圆形叶片。一棵 10 米以上的巴萨尔木被砍伐后，人们独自扛在肩上，还可健步如飞呢！原来，它比软木还轻一半，树木的细胞中含有空气，用手指按一下，树干就会留下一个凹印。

热带草原由于湿季多雨，干季干燥，草原上点缀着稀疏的树木，最著名的要算纺锤树了。纺锤树像一个巨型纺锤，腰硕大，两头尖细，因此得名。它又叫瓶树，高可达 30 米，树干直径有好几米，里面贮水可达 2 吨。雨季时，它吸收大量水分，贮存起来，以供应自己干季时的消耗。这种独特的形态是纺锤树在长期的生存斗争中适应地理环境的结果。在草原上旅行的人们，路上如果渴极了，就砍倒一棵纺锤树，取出里面的水来解渴。

南美洲多种多样的植物，为动物提供了需要的生活条件，这里既有来自其他大陆的动物，又有本大陆特有的动物。著名的特有动物有树懒、食蚁兽、貘、犰狳、吼猴、蜂鸟、巨嘴鸟和负子蟾，还有较古老的动物肺鱼和负鼠等。这里有世界上最小的猿猴——狨猴，只有人的手指那么大，有世界上最大的啮齿动物和昆虫，还有小如指甲的树蛙和小如蜜蜂的蜂鸟。

树懒生活在热带密林里，白天用四肢倒挂在树上睡觉，吃也在树上，从来都不下树，一生不见阳光。它身披伪装，停着不动时，跟周围的环境几乎没有什么区别。原来，它身上寄生着一种地衣，附生在皮毛上。地衣靠树懒的体温、湿气和呼出的碳酸气，长得欣欣向荣。树懒有了这件绿色外衣，巧妙地保护了自己。

食蚁兽的头部狭长，像一个伸出的象鼻子，舌头比头还要长，嘴小而没有上下颚，只有个小孔，没有牙齿，从小孔中伸出丝带般的长舌，舌上能分泌出黏液来。它全身长着灰色的皮毛，后面拖着一根蓬松的长尾巴，能用锐利的爪子扒开蚁穴，伸出长舌头，左右横扫，粘住成群的蚂蚁，然后卷进嘴里。

蜂鸟是世界上最小的鸟儿，只有胡蜂大小，重 2 ~ 3 克，鸟巢只有胡桃般大，鸟蛋跟豌豆一样，只有 0.5 克重。蜂鸟的喙像一枚细长的针，用来吸取花蜜。因为蜂鸟飞行时发出蜜蜂般的嗡嗡声，因此得名。它每秒钟要扑动翅膀 60 次，常常一动不动地停留在空中，像站在无形的支柱上。

巨嘴鸟是世界鸟儿中嘴最大的鸟，嘴巴又粗又壮，几乎等于体长的 1/3。它的羽毛色泽美丽，还闪耀着彩辉。它的嘴的构造很特别，中间布满海绵般的孔隙，贮满了空气，因此很轻。这个巨嘴不仅没给巨嘴鸟带来麻烦，相反，它在啄理羽毛或者在飞行的时候，巨嘴却上下左右，举仰自如哩。

负子蟾有一个独特的育儿室，那是雌蟾背面皮肤软化成的许多蜂窝般的麻坑。在产卵时，雄蟾帮着把卵压进麻坑里，并在上面盖上一层胶质，卵就在里面孵化、发育，变成幼蟾，然后捅开小孔，从里面跳出来，离开雌蟾。

为什么南美洲的动物这么丰富多彩呢？原来，在很早的地质时代，古大陆曾经相连在一起，动物可以相互迁徙。到新生代第三纪初期时，南美洲就和其他大陆分开，长期隔离，动物就沿着不同方向发展。食肉哺乳动物出现后，从亚欧大陆传入北美洲。到中新世后，南北美洲大陆连接了起来，但由于中间地峡阻碍，进入南美洲的食肉哺乳动物不多，因而使一些奇特的动物保存下来。

古生物活化石博物馆

澳大利亚四周环绕着海洋，南回归线横穿大陆中部，大部分地区气候炎热干燥，沙漠和草原广布。

澳大利亚有许多古老的动植物，其中许多是特有物种，是世界其他洲所没有的。

澳大利亚的植物在12000种以上，其中的3/4是特有植物。桉树是著名的特有树种，种类多达600种。杏仁桉一般能长到100米以上，有棵杏仁桉，高150多米，是世界上最高的植物。它树干挺直，向上逐渐变细，树叶都生长在树梢上。树叶尖长，排列的方向常和太阳光照射方向平行，受光面积很小，在地面上几乎看不到树叶的阴影。它既能生长在干旱的荒漠区，又能生长在潮湿的沼泽里。桉树生长得很快，不消10年，就可以蔚然成林了。桉叶含有油分，散发出芬芳的香味，可以提炼桉油，有止咳消炎作用的桉叶糖就是用桉油制造的。

干燥的草原区生长着一种巨瓶树，仿佛一个巨大的酒瓶。雨季时，树里吸饱了大量的水分；到了干季，就靠"贮水塔"里的水来供应自己，维持生存。

澳大利亚的动物也有其特殊性。现在，澳大利亚是世界上同时保存着哺乳动物中的单孔类、有袋类和胎盘类 3 大类群代表动物的唯一国家。

单孔类动物有鸭嘴兽和针鼹。它们的特点是生殖孔和排泄孔的出口合二为一，排泄和下蛋，跟爬行动物一样，都是一个出口。鸭嘴兽的嘴像鸭子，四条腿上长着尖爪和蹼，既可以当挖土的"工具"，也可作游泳的"划桨"。身躯和尾巴都是扁圆的，满身长着咖啡色的细毛。鸭嘴兽是卵生，幼兽靠吮吸母乳长大。

澳大利亚是有袋动物的故乡，有袋狼、袋鼠、袋狸、袋熊、袋貂等。树袋熊头大，身躯肥胖，没有尾巴。它身长约 80 厘米，头上耸立着两只大耳朵。有趣的是，它脸部长满绒毛，只有黑色的鼻子光滑无毛，一副逗人喜爱的模样。树袋熊以吃桉树叶为生，它白天睡觉，夜晚出来活动，老是在树上攀爬，在地面上很少见到它。刚出生的幼熊，体重不到 3 克，自己却能爬进母熊的育儿袋中。在相当长的时间里，幼熊吸附在母熊的奶头上成长。

澳大利亚还有许多珍奇动物，如爬行动物中的须龙、巨蜥、蛇蜥、角蜥，鸟类中的琴鸟、鸸鹋、极乐鸟等，有的还是恐龙时代的遗老呢。因此，澳大利亚有"活化石博物馆"之称。

为什么澳大利亚有着其他大洲所没有的古老动物呢？原来，在很早的地质年代，澳大利亚就同其他大陆分离开来，孤立于南半球的海洋上。长期以来，由于自然条件比较单一，动植物的演化很缓慢。同时，由于海洋的阻隔，与外界的往来很少，阻止了外来生物，特别是凶猛的哺乳动物的进入，因此，动植物在那里沿着独特的道路发展，在生物进化阶段上还保存着十分古老的物种。

在夏绿阔叶林里

夏绿阔叶林带主要分布在温带大陆的西部和东部。温带大陆的西部常年盛行从海洋吹来的西风，又受到暖流的影响，气候温暖湿润，降水季节分配也比较均匀，但冬夏之间仍有一定差异，季节变化仍比较明显。温带大陆的东部受到温带季风的影响，夏季盛行从海洋吹来的夏季风，高温多雨，而冬季盛行从大陆内部吹来的冬季风，寒冷干燥，季节变化更明显。生长在这些地区的树木，为适应冬季严寒和干燥的自然环境，都生长有较大的阔叶，叶色鲜绿，树皮长得很厚，冬季都要落叶。

夏绿阔叶林在欧洲分布较广。栎树是西欧阔叶林中分布最广的树，形成许多夏栎、无梗栎林，或者同白桦、欧洲山毛榉、椴树等混合成林。西欧也常有大面积的山毛榉林出现，大西洋沿岸有栗树林，法国南部有锥栗林。由于树种单纯，一般可以分为乔木层、灌木层和草本层等几个清楚的层次。

亚洲的夏绿阔叶林种类比欧洲要丰富，主要是栎林，还有槭树、桦树、椴树、山杨等组成的杂木林。在夏绿阔叶林带与针叶林带之间有一个针叶阔叶混交林带，如我国长白山和小兴安岭，红松和落叶松常常和白桦、山杨等夏绿阔叶树混合在一起，组成针叶阔叶混交林。

夏绿阔叶林的季相变化明显。夏季高温多雨，乔木生长迅速，枝叶繁茂，郁郁葱葱。椴树花开，芳香甜蜜，吸引很多昆虫前来传播花粉；多年生的类短生植物将鳞茎或块茎藏进地下，因此林下草本植物较少。秋季，乔木的树叶变黄，在秋风的吹拂下，纷纷飘落，林下阳光透射，菊科、蓼科等一些草本植物相继开花。冬季，夏绿林只留下一片光秃秃的树木枝干，景象萧瑟，林间寂静无声。春季，乔木尚未萌发新芽，却提早开了花，好借春风来传播花粉；多年生的类短生植物趁着春光迅速生长，盛开着五颜六色的鲜艳花朵。夏绿阔叶林里还生长着人参、党参、黄芪等药用植物，也是苹果、梨、葡萄等温带水果的原产地。

这里的动物种类虽然没有热带森林那样繁多，可是比亚寒带针叶林带要丰富，个体数量也多。由于季节变化明显，许多动物，特别是鸟类有着随季节变化而迁徙的习性。有些动物，如蝙蝠、刺猬、獾和熊等要冬眠。花鼠等动物冬季要贮粮。梅花鹿、狍子、野猪等有蹄类动物经常在林间出没。食肉动物，如虎、豹、狐狸、林貂、黄鼬和黑熊等，有的在地面上捕食有蹄类动物，有的在树上捕食鸟类或啮齿类动物。栖息在林中的鸟儿，有羽毛颜色鲜艳的鸳鸯、锦鸡、寿带鸟等，有善于歌唱的黄鹂、百眉鸫、布谷鸟等，还有灭鼠能手猫头鹰，林中医生啄木鸟。另外还有绿蜥蜴、蝮蛇、雨蛙和哈士蟆等动物，这些动物给夏绿阔叶林带来无限的生机。

风吹草低见牛羊

温带草原的面积很辽阔，它占了世界陆地面积的 1/5 以上，主要分布在亚欧大陆中部、北美洲中部和南美洲南部。温带草原介于夏绿阔叶林带和温带荒漠带之间，夏季比较温暖，月平均气温在 20℃ 以上；冬季比较寒冷，最冷月平均气温在 0℃ 以下，有时低达 -18℃。年降水量只有 300 毫米左右，大都集中在夏秋季节，又多暴雨，不能满足树木生长的需要，只有草本植物可以生长。

我国草原分布地区也很广，从呼伦贝尔到天山山麓，从阴山脚下到青藏高原，辽阔无垠的草原以特有的景色，点缀着祖国的锦绣河山。

草原上的春天来得比较迟。初春，冰雪还没有全部消融，牧草尚未返青，黄色的郁金香、淡蓝色的风信子和黄色的顶冰花，却在冰雪中含苞待放。5 月中旬以后，干枯的草丛中露出了嫩苗，远望一片淡绿，近看不见草叶，"草色遥看近却无"，这是草原早春的写照。

6 月以后，雨水滋润，各种草类植物繁茂生长，草叶随风摇曳，闪耀出金绿色的光，空气中充满了幽香。到了仲夏，草原上草茂花盛，一簇簇鲜艳的花朵开放在万绿丛中。白色的防风花，天蓝色的马蔺花，绛红色的野百合花，金黄色的金针菜花，青紫色的桔梗花，万紫千红。蝴蝶、蜜蜂在花丛间翩翩飞舞，嗡嗡作声，碧绿的原野更显得美丽而富有生机。

秋天，碧空万里，牧草茁壮。牛羊膘肥体壮，草原上的羊群，仿佛是蓝天上滚动的白云。"天苍苍，野茫茫，风吹草低见牛羊"，正是对坦荡肥美的草原的讴歌。不久，草原就会由浓绿变为金黄，风吹草动，宛如金黄色的海浪。

10月，寒露霜降，牧草枯黄，草原呈现出黄褐相间的色泽。冬天，大雪纷飞，草原披上了银装。

草原上草本植物种类较多，有高有矮，构成不同的层次，它们都有旱生的特点，如针茅的叶片细长，干旱的时候就卷成细筒，把叶面上的气孔包在筒内，以减少水分蒸发；麻黄的叶片退化成鳞片状；三叶草和草原苜蓿伸展着很长的根系，这些都是不同草类植物对草原干旱环境的适应。

在茫茫的草原上，没有森林、沟壑，动物种类贫乏，数量却较多，它们适应于开阔草地的地栖和穴居生活。有蹄类动物，如黄羊、高鼻羚羊、野驴和野马等，常常群集生活，练就了善跑的本领。它们的后面往往有狼、狐等食肉动物跟着追逐捕猎。草原上最多的动物是黄鼠、野兔和旱獭等，它们大都穴居，以草根为食。

草原上常常听到云雀和百灵鸟边飞边唱，但闻清脆悦耳的鸣声，却不见其影。大鸨是草原上的大鸟，腿很长，飞不高，善于在地面上奔跑。它常常昂首伫立草原，像在聆听云雀的歌声。草原上还有雕、鹞、鹰、鹫等猛禽，捕食草原上的鸟类和较小的食草动物。在草原的水区附近，常常有从南方飞迁来的大雁、野鸭、天鹅和丹顶鹤等候鸟，更使草原增添了活力。

温带沙漠里的生命

温带沙漠带主要分布在温带的大陆内部，以亚洲大陆内部面积最广大，如中亚地区、蒙古国和我国西北部地区。这里深处内陆，距海较远，属温带大陆性干旱气候区。夏季炎热，冬季寒冷，冬季气温常在0℃以下，气候干燥，降水稀少。

这种严酷的自然环境对植物生长极其不利，除了少数绿洲外，这里几乎是一片荒漠。白天，这里像火炉那样炎热；夜晚却冷得要穿皮袄。到处是连绵不绝、单调平淡的沙丘。在无风时，它像凝结的沙浪，蜷伏不动；风暴一现，沙尘滚滚，天昏地暗。沙漠表面缺少水，故其中生长的植物很少。

塔克拉玛干沙漠是我国最大的沙漠，面积33万平方千米，除了少数地方有水外，尽是茫茫的沙丘，被中外旅行家和探险家称为生物不能插足的地方。塔克拉玛干是维吾尔语，意思是"进去了出不来"。

新中国成立后，我国的考察队曾经多次进入沙漠中央，在沙漠中心通古孜巴斯特，发现一片密集的胡杨林，那里有个铁里木村，居住了8户人家，50个维吾尔族居民，几乎与世隔绝了。他们从未见过城市、麦粒和瓜果，过着喝驴奶披兽皮的生活。在村子的背面几十千米远的地方，还发现了一片密林，林边有几十个大大小小的湖泊像镜子一样闪闪发光，简直是沙漠里的珍珠。水鸭在湖面巡游，芦苇丛里还有野鹿出没。原来，塔克拉玛干像个巨大的锅，四周高，中间低，从高山融化的雪水，经过漫长的地下潜流，汇集到中部，淌出洼地，形成了湖泊。有水，这里就有生命存在。

沙漠里的植物都有适应干旱的特点，它们长得稀疏，有的根系很发达，向地下伸得很长，以便从土壤深处吸收水分。柽柳和骆驼刺的根长达30米。梭梭树，没有树叶，只有枝条。原来，它的叶子早已退化了，像鳞片一样裹在树枝上。有的变成能储水分的肉质植物，如仙人掌等。胡杨算是沙漠中的英雄了，树根到处向外延伸，长出小胡杨，能很快长出一片树林来。有些菊科、禾本科和十字花科植物，为了生存和繁殖，当雨水降临，只用短短几十天时间，就能完成萌芽、开花和结果的生命周期。

沙漠里的动物是贫乏的，而且大都有耐干旱的本领。沙鼠仅仅吃含水不超过10%的种子，就能活命。骆驼有"沙漠之舟"的称号，它从杂草中得到水分，长时间不饮水也能照常生活。野骆驼、野驴、羚羊等善于奔跑，常常跑到很远的地方去喝水。

鸟类中有沙鸡、沙百灵、漠莺等，它们的羽色都和沙漠的颜色协调一致，这是一种保护色，因为这里缺少森林、草原那种良好的隐蔽所。动物的冬眠现象较少，而夏眠现象较多，这是因为沙漠夏季炎热干旱、缺乏食物。跳鼠等许多小哺乳动物，大都有昼伏夜出的习性，白天穴居，夜里出来觅食活动。少数昼行性动物，最热时也得躲进洞穴，或隐蔽在灌木丛中，或把身体埋进沙土。沙漠里还生活着沙蜥、麻蜥等爬行动物。

茫茫的针叶林海

针叶林在地球上占了相当广阔的面积，分布在亚寒带。由于南半球缺少适宜生长针叶林的陆地，因此它主要成带状地横贯在亚欧大陆和北美洲的北部。

这里的气候冬季漫长而寒冷，夏季短促而温暖，年降水量一般不足 250 毫米。由于所处纬度较高，获得太阳光热较少，故针叶林生长期很短，一般不超过 180 天。夏季降水较多，植物生长茂盛。但是，由于生长期短，水分不足和低温等引起的生理干旱，这里的植物具有适应干冷环境的生态：叶子大都缩小成针状，表皮很厚，角质层很发达，以减少植物体内的水分消耗。植物体内的细胞都含有可溶性糖，以适应干寒的环境。

针叶林带的乔木大部分为针叶树，主要树种有云杉、冷杉、雪松和落叶松等，林中也常夹杂着桦树、青杨和白杨等小叶树。

在俄罗斯西伯利亚的广阔地带，绵延着一望无际的茫茫林海。西西伯利亚平原，地势很低，形成大片沼泽地带，较高的地方生长着茂密的针叶林。云杉和冷杉组成的森林，树冠呈尖塔形或圆锥形，林冠切面像锯齿。它们比较耐阴，植株生长稠密，每一植株的分枝，从树干基部向上形成七八层，像尖塔那样，因此林下显得阴暗潮湿，灌木和花草都很少，却繁生着苔藓和蕨类植物。

大片沼泽地上，有时会点缀着一些小草丘，生长着一些线状硬叶的野草。春天，野草盛开的小红花，不久就结成白色浆果；秋天，果实变红，把草丘也染红了。夏季，蚊虫成群地在沼泽上空飞舞，雷鸟、松鸡、棕熊、麋鹿来到沼泽林地寻觅植物嫩芽吃。树林里静悄悄，只有啄木鸟用长喙敲打树皮发出的笃笃声和小松鼠躲在树丛里察看周围动静时发出的吱吱声。在那些长有赤杨、桦树的河流两岸，显得热闹一些，柳莺在树梢唱起婉转悦耳的歌声，杜鹃发出一声声清脆嘹亮的鸣叫。当雀鹰突然来侵袭时，林间又恢复了寂静。

东西伯利亚的针叶林则是另一番景象。那里地势较高，而且多山地，光线充足，大部分是落叶松林，多种植株的树冠都是近似圆形，林冠的切面像波浪。这些树冬天落叶，很像夏绿阔叶林的景色。落叶松是喜光的树种，林下光线比较充足，生长着灌木和野草。在干燥的沙质土壤上，常常松林广布，林间栖息着紫貂、松鼠、交嘴雀和棕熊等动物，吃球果和植物嫩芽，也吸引来猞猁、狐和白鼬等食肉动物。

冬季，大雪纷飞，针叶林银装素裹，林海变成了一片茫茫的雪原。许多鸟类和哺乳动物都向温暖的地方迁移；那些定居的动物，都长有厚厚的皮毛，吃贮藏的食物，有的干脆躲进树洞或地穴冬眠。

21

苔原带的生命力

北极地区，除了冰雪覆盖外，还有一片从北欧、北亚到北美的广阔的苔原带，一直延伸到北冰洋沿海，这里的大小湖泊和沼泽比陆地还多。这片浩瀚无际的土地，占了地球陆地面积的1/10。

这里是一个既荒凉又充满生命力的地方。荒凉的时候是在北极的极夜。长夜漫漫，气候严寒，冰雪盖满大地，植物枯萎，水鸟早已向南方飞去，旅鼠也钻进雪下洞穴，连驯鹿也跑到森林带去过冬了，景色确实十分萧瑟，生命活动好像消失了。

可是，当极昼来临后，这里又是另一番景象。尽管夏季短促，但冻土带的薄薄表层开始解冻，植物就在这潮湿的表层中扎根生长。微小开花植物遍布，争相开放出各色花朵。苔藓、地衣紧贴地面，顽强地在沼泽、岩石表面或裂缝中争取生存。自然环境虽然不利，寒冷加上烈风，但这里的植物品种仍多达900种。

几乎所有苔原植物都是多年生的，而且奇特、有趣。极地罂粟能够在不到一个月的时间生长、开花、结果。鞭索虎耳草不开花，靠伸出匍匐茎或地下嫩枝来繁殖。这里很少见到树木，在苔原带南部边缘地区才有分布。这里树木的根茎向地下伸得很浅，常横着蔓生；树木的树干都是倾斜生长，有的倒向这边，有的倒向那边，形成一种独特的自然现象——"醉林",意思是像喝醉酒似的东倒西歪。这是植物对严寒、大风和生长期短等自然条件的一种适应。

植物为动物提供丰富的食物。沼泽地带,大量昆虫繁生,招引来许多鸟儿。长尾凫、秋沙鸭成群飞来筑巢、产卵和育儿。有趣的是,鸟儿在短促的时间里,繁殖工作同样很繁忙。湖沼里长着鲱鱼、鲑鱼等,麝鼠前来吃水生植物,捕食昆虫和鱼儿。鸥鹬、狐、狼和灰熊等食肉动物,也来到这个猎场,追捕旅鼠、鸟儿和驯鹿。

北美苔原上约有60万头驯鹿,每年随着季节的变化而迁徙。春季,它们向北迁徙,穿越苔原,寻找食物,并且在苔原繁育后代;秋季,就慢慢向南迁徙,到森林带去过冬。驯鹿成群结队,长途跋涉,年年常走一条线路。穿越苔原时,一个大鹿群多达5000头,可以说是一次浩浩荡荡的进军。

冬季,苔原带一片冰雪,呈现出寒冷凄凉的景象,丰富多彩的生命活力又开始消失。但是,在这荒凉的土地上,还可以看到一些黑褐色的麝牛在孤独地徘徊。麝牛在亚欧大陆的苔原带早已绝迹,只有在北美洲的北部和格陵兰岛上还有它们的踪迹。麝牛庞大的身躯,粗短的四肢和硬蹄,加上厚厚的皮毛,既不受夏天昆虫刺咬的威胁,又能抵御冬天寒冷的袭击,它们脚踩冰雪,挖掘雪下的干草充饥,长年以苔原为家。麝牛由于被大量捕杀,现在在北美只剩下一万多头,有绝迹的危险。美国和加拿大政府不得不用法律来禁止捕杀麝牛。

"绿色的大地" 不绿

格陵兰岛是世界上最大的岛屿，面积217万平方千米。海岸曲折，多峡湾。中部最高的地方海拔3300米。大部分地方覆盖着很厚的冰层，冰层平均厚度约1500米，最厚的地方达3400米，冰雪峥嵘，到处是一片银白色的世界。

格陵兰岛的面积相当于50个丹麦的国土，世界第二大岛伊里安岛的面积，只有格陵兰岛的1/3。格陵兰岛比一般岛屿大得多，形成了一个相对独立的地理单元，人们又叫它"格陵兰次大陆"。

"格陵兰"是英语译音，意思是"绿色的大地"或"绿洲"。传说，公元982年，北欧人爱里克从冰岛只身来到那里，发现南部一个山谷中有方圆不到1千米的一片水草地，他回去以后就吹嘘说他发现了一片绿色土地，为了吸引人们前去那里定居，就把那个地方命名为"格陵兰"。

其实，格陵兰岛哪能说是绿洲呢？整个岛有4/5的面积位于北极圈内，气候严寒，千里冰封，茫茫的冰原上唯一的点缀是一些高耸入云的黑色山峰，形成"冰原岛峰"的景象。岛的最北端的莫里斯杰苏普角（北纬83°39′）是地球上陆地距北极点最近的地方。全年气温一般都在0℃以下，中部地区1月份平均气温达－53℃，只有南部和西南部沿海地区，由于受北大西洋暖流影响，夏季气温可升到3℃~10℃。全年降水约300毫米，以雪和冰霰为主。夏季解冻后，滨海一带长出一层薄薄的绿色苔藓以及一些稀疏的耐寒植物。那里有一条宽190千米的无冰区，除了苔藓外，还有草甸和矮小的桦、赤杨、桧、桤等树木。

格陵兰岛最大的无冰区在东北部，宽约300千米，这里气候干寒，多风暴，形成一片极地荒漠，被称为"北极撒哈拉"。

格陵兰岛是一个巨大的冰库，是冰川的"制造工厂"。这些冰块如果全部融化，整个地球的海平面将会升高6.5米。

岛上巨厚的冰层，在重力的影响下，缓慢地向海岸滑动，最后滑进海水中。冰比水轻，就漂浮在海面上，变成一座座大冰山。冰山在阳光的照射下，同海水交相辉映，反射出翡翠般的光辉，灿烂夺目。

在北冰洋和大西洋上，漂浮的大小冰山有几万个，大都是格陵兰岛制造出来的，最长的冰山有100多千米长。冰山漂在水面上的高度，约占水下部分的1/7。最高的冰山，水上部分有100多米高。冰山的数量往往随着各年气温冷暖的变化而增减，漂泊的路程也有远有近。

格陵兰岛为什么会覆盖这么厚的冰层呢？原来，它位于北极圈内，长年低温。几十万年以前，经历了第四纪冰川时代，大片陆地被冰川覆盖。后来，气候变暖，冰川逐渐退却，但是格陵兰岛气温仍旧很低，一直保持着千里冰封的面貌。从北冰洋南下的洋流——东格陵兰寒流，使岛上气温变得更低，冰雪就更难消融了。

冰山漂浮在海洋上，使周围的空气冷却了，往往因此而形成海雾，严重威胁海轮的航行。

现在，随着全球气候变暖，格陵兰岛上的冰川消融速度也加快了，未来，岛上的无冰区面积将会逐渐扩大。

冰雪世界南极洲

南极洲是个冰天雪地的银色世界。南极大陆的面积约1400万平方千米，95%为冰雪所覆盖。白茫茫的冰原广袤无垠，冰的厚度令人吃惊，平均厚度近2000米，目前已测到的最大厚度达4800米。

整个南极大陆冰层总体积估计约2400万立方千米，占地球上全部淡水的90%。巨厚的冰层使南极洲的平均海拔高达2350米，成为世界上平均海拔最高的洲。

南极洲气候终年严寒，长年飘雪，源源不断地补给着冰原。巨厚的冰层不断从大陆高处缓慢地滑向大陆边缘地带，它们有的在海边断裂，形成壁立的冰岸和漂浮在海面上的巨大冰山。有的像长长的冰舌伸进海中，形成广阔的陆缘冰原和高大的冰障。南极洲最著名的冰障要算罗斯冰障，长900千米，高出海面50米，面积达54万平方千米。

在南极洲周围的海域中，漂浮的冰山估计有22万座之多。它们有大有小，有的像桌子，有的像角锥。美国"冰川号"破冰船曾经在南太平洋斯科特岛以西240千米处，观察到一座世界最大的冰山，长335千米，宽97千米，面积达3.1万平方千米。它露出水面的部分不过是冰山体积的1/7，可以想象它是多么雄伟壮观啊！

南极洲大陆大都处在南极圈以内,由于纬度高,获得太阳光热很少。冬半年,长夜漫漫,几个月不见太阳;夏半年,极昼来临时,太阳也只是在地平线上兜圈子,阳光斜射。南极洲的空气极其干燥和透明,冰原像一面巨大的镜子,阳光斜斜地照在冰面上,绝大部分又被反射回去了,地面上获得的热量很少。其年平均气温在-25℃左右。即使在夏半年,气温也不超过0℃,因此冰雪很难融化。南极洲大陆每年降雪约1000立方千米,由于气候严寒,蒸发十分微弱,千百万年来,长期积累,终于形成了巨厚的冰层。

南极洲多风暴,据科学家统计,这里全年大风天数多达305天,最大风速92.5米/秒,这是迄今为止世界上观测到的最大风速。南极的风具有杀伤力,尽管刮风时并不下雪,但每秒几十米的大风,刮起冰面上坚硬的积雪,这样的雪暴不仅密度大,伸手不见五指,而且经常将人击伤、割伤。

在南极地区,有一种神秘的夺走许多人生命的"乳白天空",这是一种怪异而可怕的现象:地平线消失了,眼前只有茫茫的一片白。它和雾还有点不一样,人有被棉花包裹起来的感觉,什么也看不见。1968年,一架丹麦直升机因"乳白天空"而失去方向,结果飞机坠下,机毁人亡。

南极洲还分布着一些"绿洲",生长着地衣、苔藓等原始形态的植物。地衣一般呈黑色或灰色,很坚硬,大部分长在岩石上,小部分长在干燥的山土上;苔藓一般生长在潮湿的平地上,小而软,呈褐色,好像铺在地上的地毯。

南极洲还有许多珍奇动物。当极昼来临时,海洋中大量的冰逐渐融化,褐色的硅藻等藻类植物迅速繁殖,把海水也染成了红褐色。以藻类植物为食的磷虾和鱼类也大量积聚。丰富的食物吸引着蓝鲸、鳁鲸、驼背鲸等鲸类在沿海游弋，还有大量的海豹、海象到岛上活动。

南极洲有 30 多种鸟类，它们在大陆边缘和海岛上营巢。其中有蹒跚可爱的企鹅，刚健凶猛的南极大鸥，漂亮文雅的雪海燕，体格硕大的巨海燕，还有鸬鹚、信天翁等，它们在极昼时迁到这里，使沿海一带成为热闹的"鸟市"。海鸟中数量最多的是企鹅。

南极洲是一个神奇的世界。在南极圈（南纬66°34′），冬至那天整天不见太阳是全黑夜，夏至那天是全白天，从南极圈越往南，全白天和全黑夜的日子越长，南纬78°，是 110 多天，到了南极点，半年都是白天，另外半年都是黑夜。

1980 年 1 月 14 日，中国南极科学家张青松一行乘飞机到达南极的美国站，突然，冰天雪地的眼前，出现了火光冲天、烟雾缭绕的景象，张青松等人大吃一惊，一问才知道是埃里伯斯火山喷发。该火山是英国探险家罗斯 1841 年发现的。

南极洲也是地下资源的宝库。这里铁矿资源十分丰富，查尔斯王子山脉的露天铁矿，厚 100 米，绵延 120 千米，另外在恩德比地和毛德皇后中部都发现了大型磁铁矿。在维多利亚地有很大的煤田，面积达 100 万平方千米，是世界上最大的煤田之一。南极洲煤的蕴藏量估计有 5000 亿吨，石油蕴藏量约 400 亿桶，天然气蕴藏量约 2200 亿立方米，还发现有铜、镍、镁、锡、金、石墨等矿产。科学家们很乐观，确信未来在南极洲将会出现矿井、矿山，甚至露天开采场，这比人类到月球或其他星球上去采矿要方便得多。

世界屋脊青藏高原

　　青藏高原是世界上最高大、最年轻的高原，有"世界屋脊"之称。高原面积约 250 万平方千米，平均海拔在 4500 米以上。高原核心部分的藏北高原，海拔在 5000 米以上。

　　青藏高原自北而南绵延着一列列高大的山脉。北面有昆仑山、阿尔金山和祁连山，中间是喀喇昆仑山、唐古拉山、冈底斯山、念青唐古拉山，巍峨的喜马拉雅山蜿蜒在南部。这些高大的山脉，平均海拔达 5000～6000 米。全世界共有 14 座超越 8000 米的山峰，都在青藏高原上。珠穆朗玛峰海拔 8848.86 米，是世界最高的山峰。世界上海拔仅次于青藏高原的是帕米尔高原，平均海拔 4000 米，再次为玻利维亚高原，平均海拔 3800 米，这两个高原不仅海拔低于而且面积小于青藏高原。

　　青藏高原上许多山峰是一片皑皑的白雪，群山间还有许多银练似的冰川，沿着山坡缓缓下滑。隆贝冰川下限高度海拔 5029 米，是世界最高的高山冰川。喀喇昆仑山乔戈里峰北坡的音苏盖提冰川，长 42 千米，是我国最长的冰川。祁连山的依克夏哈楞郭勒平顶冰川，面积 55 平方千米，是我国最大的平顶冰川。冰川是大江、大河的"母亲"，供给丰富的水源，世界著名的长江、黄河、恒河和印度河等都发源于这里。

雅鲁藏布江谷地是青藏高原上海拔较低的地区，可是，河谷里的拉萨城海拔比泰山还高一倍多哩。

高原上分布了广阔的草原，镶嵌着无数蔚蓝色的湖泊，湖中倒映着蓝天、白云、雪峰，形成了高原特有的美丽景色。高原上还有许多温泉从岩石缝中喷射出来，热气腾腾，同附近的雪峰相映成趣。这里有世界上最高的温泉，海拔达4880米。

在高原上，有一种奇特的现象，由于海拔高，空气稀薄，气压较低，水在82℃就沸腾啦。在低气压的环境里，人们的心跳会加剧，感到呼吸困难。

青藏高原是我国太阳年总辐射值最高的地区，这里晴天多，阴雨天少，全年大多数日子都是晴空万里，碧空如洗，阳光灿烂，日照时间长。拉萨全年日照时数长达3000小时，大气干洁，能见度很高，全年无雾，被称为"日光城"。

青藏高原为什么会这么高呢？科学家根据在高原上发掘到的大量恐龙化石、三趾马化石、鱼类化石和陆上植物化石，证明青藏高原在2亿3000万年前还是一片长条形的海洋，跟太平洋、大西洋相通。后来，地壳发生强烈运动，形成了古生代的褶皱山系。海洋消失了，出现了古祁连山、古昆仑山，而原来的柴达木古陆相对下陷，成为大型内陆湖盆地。经过1亿5000万年的中生代，这些高山由于长期风化侵蚀，逐渐被夷平了。被侵蚀下来的大量泥沙，就沉积在湖盆内。新生代以后，又发生强烈的地壳运动，那些古老的山脉再次隆起抬升，又变成高峻的大山了。在3000多万年以来的喜马拉雅造山运动中，喜马拉雅山从海底逐渐升起，高原也大幅度地隆起，成为"世界屋脊"。

地球之巅珠穆朗玛峰

珠穆朗玛峰高高矗立在中国和尼泊尔交界的喜马拉雅山脉上，是万山之首，地球之巅，世界第一高峰，海拔8848.86米。它雄伟壮观，巍峨挺拔，峰顶终年白雪皑皑，云遮雾绕，神秘莫测。

"珠穆朗玛峰"在藏语中是"第三女神"的意思。在神话中，珠穆朗玛峰是天女居住的宫室，因此珠峰也被称作"圣女峰"。

珠峰山体呈巨型金字塔状，地形极端险峻，环境异常复杂。峰顶空气稀薄，空气的含氧量很低，只有东部平原的1/4左右，还经常刮大风，一般是7~8级风，12级大风也不是很罕见。由于海拔极高，珠峰峰顶的最低气温常年在-38℃，山上常年积雪不化，形成了冰川。每当旭日东升，巨大的冰峰在红光照耀下折射出七彩光线，绚丽非凡。冰川上还有许多奇特的自然景观，如千姿百态的冰塔林，高数十米的冰陡崖，步步陷阱的明暗冰裂隙，还有险象环生的冰崩、雪崩。虽然这里充满危险，但世界各地的游客和探险家却在此流连忘返。

在珠峰周围的20平方千米范围内，群峰林立，层峦叠嶂。较著名的有洛子峰（世界第四高峰，海拔8516米）和卓穷峰（海拔7589米）等。在这些巨峰的外围，还有许多世界级的高峰与之遥遥相望：东南方向有干城章嘉峰（世界第三高峰，海拔 8586 米），西面有格重康峰（海拔 7998 米）、卓奥友峰（海拔 8201 米）和希夏邦马峰（海拔 8012 米）。众峰相对而立，形成了群峰来朝、峰涛汹涌的壮阔场面。

珠峰地区一年四季的气候复杂多变，即使在短短的时间之内，也可能翻云覆雨。但大体上来说，每年 6 月初至 9 月中旬是雨季，强烈的东南季风造成恶劣气候，暴雨频频，云雾弥漫，冰雪肆虐无常。每年的 11 月中旬至第二年 2 月中旬，受强劲的西北寒冷气流影响，气温最低时可达 -60℃，平均气温在 -50℃ ~ -40℃，最大风速达 90 米/秒。在一年中只有两段时间是游览登山的好时候：第一段是 3 月初至 5 月末，第二段是 9 月初至 10 月末，然而在这两段时期，天气状况也很不确定，实际上适合登山的好天气也就 20 天左右。

虽然自然环境十分恶劣，但在这种酷寒的山脉中仍然有许多珍稀、濒危生物物种存在，珠峰地区有 8 种国家一级保护动物，如长尾灰叶猴、熊猴、喜马拉雅塔尔羊、金钱豹等等。

珠峰一直是世界登山家和科学家向往的地方。但是由于条件太恶劣，这座山峰曾被人们认为是生命的禁区，多少世纪以来，都是可望而不可即的地方。直到 1953 年 5 月 29 日，英国登山队的新西兰人希拉里和尼泊尔人丹增·诺盖，由尼泊尔一侧（珠峰南侧）攀登珠峰成功，这是第一次有人站在了地球之巅的珠峰。

1960 年 5 月 25 日凌晨，我国登山队员王富洲、贡布（藏族）、屈银华由珠峰北侧成功登上这座地球最高峰，这是中国人第一次登上珠峰，也是人类历史上第一次从北侧登上地球之巅。

美国西部的犹他州荒原

美国西部的犹他州荒原，由落基山脉、科罗拉多高原和大盐湖沙漠三部分构成，一片萧索荒凉的不毛之地上，有各种形状的红色岩石山丘，这就是犹他州荒原留给人们的第一印象。这里到处都是被风和水侵蚀的地形，有的地方状似蜂窝，有的地方千沟万壑。特殊的地形地貌，是让探险家们乐此不疲、流连忘返的最主要原因。

这里的山脉、高原、沙漠均没有大面积的植被生长覆盖，最惹人注目的是裸露在地表的红色岩石。无论是艳阳高照，还是黄昏日暮，这些岩石在阳光的照耀下，折射出的光线总是柔和而温暖的。由于这里不是地震的频发地带，很多地形保持了几千年前的原始面貌，默默地诉说着地球历史的传奇，道尽了地表形态的形成过程，也为地质学家们研究地壳运动和地球历史提供了绝佳的场所。

绵延起伏的落基山脉在荒原上蔓延伸展着，远远地看去峰峦叠嶂，蔚为壮观；科罗拉多高原附近建有许多座国家公园，如阿切斯国家公园、布莱斯峡谷国家公园、科杨伦地国家公园、卡皮特尔砂岩国家公园、宰恩国家公园等。它们都不是一般意义上的普通公园，公园依地势而设计，保持着最原始的地形地貌，随处可见陡峭的群山和湍急的河流，丝毫没有人工斧凿的痕迹，浑然天成，自成一体，大峡谷的风貌一览无余。

荒原上数不尽的嶙峋怪石，也带给人们无限遐想的空间。布莱斯峡谷中有一大片形态奇异的岩石群，当地人百思不解其来源，之后就固执地认为这本是一个在久远的年代里生活的部落，由于得罪了神，整个部落受到了诅咒而全体幻化为石柱，每一根石柱虽然没有丝毫鲜活的气息，却都曾经对应着一个生命。因此，这些岩柱被当地人称作"巫毒"的化身。

峡谷的风貌气象万千，狭窄细长的红色峡谷好似红丝带，缠绕着科罗拉多高原，夕阳西下时，光线变得柔和厚重起来，座座红色山峰变成一个个光彩四溢的石头宫殿。这里到处是奇异的山石和沙丘，间或出现漂亮的雪山。峡谷里，无数上端呈红色、下端呈金黄色的石林映入眼帘。石林、森林、残雪和初升的太阳配合默契，中间还夹杂着一条条蜿蜒曲折的溪流，绝美的山水风景画跃然纸上。

大盐湖沙漠地带，没有芳草绿地，只有贫瘠而荒凉的土地，和犹他州其他地区一样，这里到处布满了赤红色的山石，举目望去，似一片红色的海洋。这里的地貌和火星有诸多相似之处，一批科学家们在此地建了世界上第一个模仿火星生活环境的基地——犹他州火星研究站。

信步走在犹他州荒原上，看喷薄而出的旭日，看红霞满天的天空，看一片红色的山丘和沙漠，看地平线上的大漠落日，这些未曾有过的奇特体验，令人心醉。

赤道雪峰乞力马扎罗山

赤道地区的平原和谷地，热得像蒸笼，人们挥汗如雨。可是，在高山峰顶，却是白雪皑皑，寒气刺骨。

非洲赤道附近，海拔5000米以上的高山有：乞力马扎罗山、肯尼亚山和鲁文佐里山。其中乞力马扎罗山海拔5895米，是非洲最高的山峰，被称为"非洲之巅"。

乞力马扎罗山是一座直径约80千米的死火山，山顶是个凝固了的喷火口，像个小盆地，直径约1800米，火山灰和冰雪结成坚硬的外壳，盆地周围到处是冰柱雪峰，仿佛终年戴着一顶银光闪闪的雪盔。

乞力马扎罗山虽处在终年炎热的热带地区，但由于地势很高，气候垂直分布明显，自然景观也是垂直变化的。

同一个山区，从山麓沿着山坡向上，气温逐渐降低，植被也因高度不同而迥异。在东南部的迎风坡，降水量达1800毫米，山脚下地势较低，气候炎热，在海拔1200~1800米处，是一片咖啡、剑麻种植园。向上到2700米处，是稠密的热带山地雨林，林中长满了各种灌木、野草和藤蔓。再向上是高山草地带，生长着繁茂的花草，如非洲薄雪草、木菊、半边莲等。

在西北部的背风坡，由于气候干燥，从山脚向上，是山地稀林带和草地带。在5000米以上，是高山荒漠和白茫茫的冰雪世界。

火山脚下的莽原上，是一派迷人的热带草原景色，葱绿茂密的草地上，点缀着高大的波巴布树。那里是豹、懒猴、大羚羊和非洲象的家乡，也是长颈鹿等出没的地方。

非洲象、犀牛在那里自由自在地踱步，成群的角马、斑马和羚羊在莽原上奔驰……野生动物的奇观也使旅游者神往。

山腰间，经常云遮雾绕，人们不易见到乞力马扎罗山的真面目。傍晚，有时豁然露出它的面貌来，它像一顶水晶的皇冠，在夕阳的余晖下，时而呈现粉红色，时而又变幻成银灰色、紫蓝色。

乞力马扎罗山处在赤道地区，一年到头气温都很高，为什么高山顶部会有长年不化的冰雪呢？

原来，地面的空气并不是太阳"晒"热的，而是给地面"烤"热的。地面接收太阳的热量以后，又向空中辐射出去，这才使得空气的温度升高。离地面越高的地方，受到地面辐射热量越少，气温就越低。因此，即使在同一地区，由于平地和高山的不同，气温也不同。海拔每升高1000米，气温降低约6℃左右，因此，近6千米的乞力马扎罗山，山顶气温在0℃以下，难怪在山顶会出现"赤道雪"的奇观。

现在，乞力马扎罗山上的冰川正在不断向后退缩，科学家估计，这可能是由于近年来全球气候转暖、火山活动增强等原因。如果按照这种速度发展下去，"赤道雪"奇观有可能在几个世纪以后全部消失。

太平洋上的"龟岛"

在南美洲厄瓜多尔海岸以西900多千米的太平洋上，有一群小岛，名叫加拉帕戈斯群岛，又叫科隆群岛，面积7000多平方千米，由17个大岛和100个小岛组成。它们都是火山岛，火山活动和地震持续不断，曾经是地球上最活跃的火山活动地区之一。在地质史上，群岛和南美大陆曾经连在一起，后来几经沧桑，那连接的桥梁——高原，被海水淹没，于是群岛就跟大陆分离了，各岛之间也自成一体。

航海家初次发现这个群岛时，看到遍地都是巨龟，就给群岛取了个名字："加拉帕戈斯"，这是西班牙语，意思是"龟岛"。

1835年，达尔文随着"贝尔格号"军舰做环球旅行时，曾在这个群岛上进行了一个多月的考察，发现岛上动植物区系分布十分特殊。世界上别的地方早已绝迹了的古代动植物，在岛上却保存了下来。岛上奇特生物的变异性和承继性，为他撰写《物种起源》一书提供了丰富的材料。他说：群岛上的许多生物是进化史的活证据。可以说，加拉帕戈斯群岛是生物进化论的发源地。

岛上的植物不多，但十分奇特。在悬崖绝壁般的火山岩上，多杈的仙人掌倔强地挺立着。有一种令人惊异的刺状仙人掌，高达10

米，是世界上其他地方罕见的。滨海有狭窄的红树林。从沿海深入内陆，地势逐渐升高，植物也在变换，从狭长的无叶林，过渡到茂密的森林，再到美丽的羊齿植物带，山顶上往往是一片草地。

巨龟是岛上最奇异的动物，有 15 种之多。它长约 1.5 米，重约 250 千克，可以背驮一两个人。巨龟每天能爬行几千米，寿命很长，能活上 400 岁。它的肉可食用，龟壳可做小孩的摇篮。

这里的鸟类也十分奇特，有硕大的海鹅，棕色的苍鹭，不会飞的鸬鹚，还有会使用劳动工具的啄木燕。有种蓝色的愚鸟，好像老是在对着人傻笑似的。另一种海鸟常常飞到人的手臂上，不怕人，连棒打也很难赶走它。

群岛上还有着不少科学之谜等待揭开：为什么群岛中每个岛都有自己特殊的动植物？为什么地蜥蜴只在 5 个岛能见到，而海蜥蜴却在所有岛上都有？为什么企鹅只待在北部的几个岛上，而爱晒太阳的海狮在所有岛上都有分布？粉红色的火烈鸟为什么只在 3 个岛上能够见到……

群岛上生活着世界上一些最稀有的动植物。岛上几乎所有的爬行动物、半数飞鸟、许多哺乳动物和大批昆虫，都是世界其他地方找不到的，真是非凡的野生动物聚集地。可是，几个世纪以来，由于遭到殖民者的掠夺，许多特殊的动植物濒临绝种。在圣克里斯托巴尔岛上，建立了一座科学研究站，科学家正在拯救这些岛屿上的珍稀物种。联合国教科文组织把加拉帕戈斯群岛列为"人类的自然遗产"。

第二章　地貌奇观

黄山归来不看岳

黄山位于安徽省东南部的黄山市。亦真亦幻的黄山美景集天下名山之所长,被誉为"中国第一名山"。著名地理学家徐霞客的评语"五岳归来不看山,黄山归来不看岳",成了黄山的最佳诠释。

莲花峰是黄山海拔最高的山峰,海拔1864.8米,主峰如蕊心,四周的石峰层次分明,像花瓣一样向蕊心集中,远远看去就像天际开放的莲花。天都峰海拔1810米,是黄山最险峻的奇峰,立于周围群山之上,四周山崖陡峭,有的地方甚至呈90°的直角,被称为"天上的都会",也就是天上神仙聚会的地方。

自古以来,黄山以怪石、奇松、云海、温泉"四绝"闻名于天下。不论华山峻峭、泰山雄伟、衡山烟云,还是庐山的飞瀑、峨眉的清凉,黄山莫不兼而有之。

黄山怪石嶙峋,正是在这怪石的千变万化之间,才能体会到黄山的独特。黄山怪石向来以"深、险、奇、幽"闻名,而且每峰皆有怪石,有的像人,有的像物,还有的像可爱的小动物,也有的什么都不像,只是形状奇特美丽。这些怪石被人们起了有趣的名字,例如"关公挡曹""金鸡叫天门""骆驼钟""猴子观海""梦笔生花""猪八戒抱西瓜"等,惟妙惟肖,趣味盎然。

组成黄山山体的岩石是坚硬的花岗岩，岩石中有许多节理裂隙，经千百万年风雨的侵蚀，使花岗岩裂成各种形态的峰峦和巨石。在坚硬的花岗岩中，还常夹有比较松软的其他岩石，当其他松软的岩石被侵蚀后，就留下形态更加复杂的花岗岩奇峰怪石。

黄山奇松苍劲奇秀。黄山松顽强地扎根于巨岩裂隙中，是由黄山独特的地貌、气候而形成的中国松树的一种变体。黄山的松树多且姿态迥异，达百岁以上的松树约有万株，大多生长在 800 米以上的高山峭壁上。黄山松的根深植盘错，使得松树能在绝壁断崖上生长，松叶浓密，干曲枝虬，千姿百态，或独立峰顶，或倒悬绝壁，或冠平如盖，或尖削似剑。黄山松中最著名的要数玉屏楼前的迎客松。

黄山云海缥缈翻腾。大凡高山，都可见到云海，但是黄山是云雾之乡，以峰为体，以云为衣，其瑰丽壮观的云海以美、胜、奇、幻享誉古今。黄山的云海以瞬息万变著称，汹涌翻滚的云海，像海浪起伏，有人索性将黄山唤作"黄海"。轻柔、飘逸的云海，有人将它比作黄山的裙带，称它为黄山的化妆师。云海在山峰间穿梭缭绕，使得奇松、怪石更加神幻飘然，若隐若现。著名的"蓬莱三岛"就是在这样虚幻的景象中出现的。登莲花峰、天都峰、光明顶都可以领略云海的胜景，看到那漫无边际的云，似临大海之滨，波起峰涌，浪花飞溅，惊涛拍岸。

黄山"四绝"之一的温泉，古称汤泉，源头就在海拔850米的紫云峰下，水温稳定，冬夏不变，水质洁净，可饮可浴。《黄山图经》记载，中华民族始祖轩辕黄帝曾经在这里沐浴，消除皱纹，返老还童，羽化飞升，因此这里的温泉声名大噪，被称为"灵泉"。返老还童自然是传说，但是温泉确实对人的身体很有益处。

桂林山水甲天下

在广西的桂林阳朔一带，漓江的两岸，一座座奇峰排列着。有时，群峰绵延不断；有时，奇峰突然在平地消失，又在不远处再度突起。它们的形态千变万化，气象万千：有的如竹笋、莲花，有的像笔架、刀剑，有的像武士和老人，有的像大象和猛兽……清澈见底的漓江水，倒映出山峦的身姿，水光和山色，在晨雾中显得迷迷茫茫，景色分外多娇。

"江作青罗带，山如碧玉簪"，这正是桂林山水的绝妙写照。那清澈碧绿的漓江水，仿佛一条青色的绸带，那奇山异峰，宛如碧绿透明的玉簪。诗人把桂林山水比作一位美丽清雅的姑娘。桂林山水有三绝：山青、水秀、洞奇，难怪人们说"桂林山水甲天下"了。

孤峰和峰林是桂林山水"三绝"之首。独立的山峰，清秀峭拔；云集的峰林，错落有致。独秀峰突出在平地上，又高又陡，气势不凡。每当晨昏时分，阳光斜照，独秀峰更显得秀丽动人。

漓江从桂林城边蜿蜒南下，直到阳朔附近，景色奇美。江水流淌于群山之中，奇峰林立，形态万千，像玉笋，像翠屏，像笔架，像老人，像斗鸡，引人入胜。漓江和阳江汇流处的象鼻山，仿佛一只大象低头伸长鼻子在吸水。象鼻和象身之间，有一个圆形的巨洞，水涨时，游船能从中穿过。山上的象眼岩，洞口对穿，宛如大象的眼睛。

桂林"逢山必洞，无洞不奇"，附近已发现的岩洞多达 300 个，仿佛大自然建造在座座石山之中的地下迷宫。人们漫步洞中，如入仙境，不禁神思缥缈，遐想无穷。那些琳琅满目的"艺术珍品"——石钟乳、石笋、石幔、石花，构成了一幅幅天然的图案，真是丰富多彩。

七星岩洞穴分上、中、下三层，相互间距离 8~15 米。其中有个可以容纳万人的大洞，狭窄的孔道，连着宽敞的"大厅"，那些平地生出的石笋，倒悬空中的石钟乳，顶天立地的大石柱，都是大自然创造的美景。芦笛岩的洞穴像神话世界一样美妙。里面的石钟乳、石笋、石柱，在彩灯照射下，五彩缤纷，红的像珊瑚，绿的像翡翠，白的像汉玉，黄的像琥珀，华丽极了。其形状更是千姿百态，有的像狮子，有的像乌龟，有的像鼓和琴，逼真而有趣。

是谁创造了桂林山水的奇景呢？是流水。原来，桂林地区过去曾经是一片汪洋大海。大量的海洋沉积物，形成了巨厚的石灰岩层。后来，由于地壳运动，海底升起成了陆地。在高温多雨的气候条件下，石灰岩中的碳酸钙被含有二氧化碳的水溶解。在漫长的地质年代里，经过雨水的不断淋溶，把岩层溶蚀成了各种奇峰怪石。当雨水渗透到地下后，见缝就钻，不断溶蚀扩大成洞穴。洞中的水滴，将水中所溶解的碳酸钙又一滴一滴地沉淀堆积，生长发育出许许多多石笋、石钟乳和石柱。

万箭插天的路南石林

　　我国云南省东部的路南地区，有一片"石头森林"，总面积400多平方千米，这就是著名的路南石林风景区。那里千峰竞秀，峰顶尖锐，仿佛万箭插天。远远望去，好像许多巨大的仙人掌，又好像湖中冒出的许多石笋。

　　石林奇峰怪石集中，有的壁立峭拔，像是被刀斧砍过；有的两峰之间凌空飞起巨石，让人心惊胆战；有的山石仿佛飞禽走兽，有的犹如古今人物。人们根据山石的不同形态，加上丰富的想象，为它们命名。如"母子偕游"是两座山峰，一高一低，形态真像妈妈领着她的孩子在山中漫游。再如"骆驼骑象"是一块巨石，像一头大象背着一头骆驼，惟妙惟肖。

　　这类奇峰异石美不胜收，千变万化，任凭游客想象，名称可多啦！如"悟空石""阿诗玛姑娘""观音石"，又如"凤凰梳翅""千年鹦鹉""犀牛望月""象踞石台""万年灵芝"，等等，真像一个大自然的雕塑展览会。

　　路南石林以岩柱雄伟高大、排列密集、分布地域广阔而居世界各国石林之首；又以岩溶持续发育时期长，峰林、溶洞、湖泊等类型齐全、保存完好而为世界所罕见，因而被誉为"天下第一奇观"。

在路南石林东北方向 20 千米地区，还发现了一片蔚为奇观的石林。它比路南石林更奇特，岩柱多呈蘑菇状，远望仿佛灵芝丛生，因而取名为"灵芝林"。岩柱群耸立在一个巨大的浅碟形溶蚀洼地中央，平均高度约 10 米，最高的有 40 米，形状像飞禽走兽，栩栩如生，如"骆驼爬竿""鹦鹉学舌""群象漫游""猛虎扑食""羚羊格斗"等。石林区还有陡壁如削的幽洞，清水潺潺的音谷，矗立群峰之巅的石牌坊，景色秀丽，引人入胜。另外，这里有个岩洞，分为两层，上层洞长 3.5 千米，四季无水，下层流水潺潺，整个洞穴曲折幽深，宛如世外桃源。

路南石林是怎样形成的呢？原来，在 25000 万年前，路南地区还是一片汪洋大海，海洋底部有大量的沉积物，经过漫长的岁月，这些沉积物变为沉积岩，这是一层很厚的石灰岩。后来，沉积岩因地壳运动而上升，露出海面形成陆地。

路南地区海拔 1700 米以上，年平均气温 16.6℃，是亚热带湿润气候区。每年 6～10 月，降雨量丰富，是石灰岩受雨水溶蚀的季节；11 月到第二年 5 月间，降水较少，蒸发旺盛，是石灰岩风化期。路南地区的石灰岩质密而坚硬，风化溶蚀的过程较慢。但是岩石的顶部，沉积年代较晚，质地较松，同岩石的下部相比，风化溶蚀过程较快，因此石林大都上尖下粗。经过长年累月的风化剥蚀、雨水淋溶，厚厚的石灰岩层被弄得面目全非，最后变成奇峰罗列、怪石斗秀的奇观。

雅鲁藏布大峡谷

　　雅鲁藏布江在喜马拉雅山与冈底斯山之间，由西向东滚滚流淌，至东喜马拉雅山脉尾部，突然南折，浩荡的江水切穿了喜马拉雅山，形成壮观的雅鲁藏布大峡谷。

　　这里处处有风景，风景各不同。如果要给大峡谷的景色做个概括的话，那就是"雅鲁藏布大峡谷秀甲天下"。山秀、水秀、云秀、雾秀、树秀、草秀……大峡谷的山秀，从遍布热带、亚热带森林的低山，一直到高入云端的皑皑雪峰，风格各异的自然景观给峡谷增添了无限风采；大峡谷的水秀，从万年的冰雪到沸腾的温泉，从涓涓的细流到滔滔的江水，无不让人流连忘返。最值得炫耀的是大峡谷的深度，竟以5000米作为最基本的衡量尺度，最深处达6900米。这样的深度令人咋舌，那是人类难以企及的深度。因此，雅鲁藏布大峡谷是中国地质考察工作少有的空白区之一。

　　当地流传着一个动人的传说。冈仁波齐雪山孕育了四个子女——雅鲁藏布江、狮泉河、象泉河和孔雀河。一天，他们兄妹四个突发奇想，要到外面的世界去看看，约定在印度洋相会。雅鲁藏布江被一只小鹞子欺骗走偏了路，而他的三个兄妹此时已到达目的地。在匆忙中，他慌不择路，一心想抄近路，遇到高山或悬崖，也不再绕行，直接跳下。最后，他伤痕累累地和兄妹团聚。由于用力过猛，路上留下深深的足迹，这就是后来的雅鲁藏布大峡谷。

传说虽然有些荒诞，却说明了一个问题，那就是大峡谷地势陡峻，凶险异常。这里自然环境恶劣，无人区遍布，保留了最原始的自然风光和地形地貌。几十年来，科学工作者不畏艰险，深入峡谷，不懈探索。在深山密林、崇山峻岭和悬崖绝壁中穿行，稍不留神，便有可能跌入深谷，实施救援都困难重重。1998 年 10 月下旬到 12 月初，一支科考队历时 40 多天，以无所畏惧的勇气，穿行近 600 千米，勘察雅鲁藏布大峡谷地区，并取得了丰硕的成果，实现了人类首次徒步穿越雅鲁藏布大峡谷的历史壮举。

因为地形险要，环境恶劣，这里罕有人烟，只是在密林深处，生活着一些门巴族和珞巴族人。他们是行走在"刀刃"上的人，翻山越岭，开辟道路，对于攀爬险路驾轻就熟。他们是科学工作者们最好的向导。有一次，探险队艰难地行进在狭窄陡峭的山路上，两边山崖挺立，高耸入云。突然，队伍停了下来，前方已没有路！刚才攀爬的是直上直下的绝壁，若想返回难于登天。在进退两难的绝望中，向导在两棵树之间用树枝搭建了吊桥作为通道。大家在向导的搀扶下，咬着牙走了过去，望着脚下的万丈深渊，都吓出了一身冷汗。

穿行在雅鲁藏布大峡谷，最常说的一句话就是绝处逢生。因为你永远不知道前方有什么样的危险在等待着你，也许是瞬间便将人吞噬的雪崩、泥石流，也许是进退两难、让人恐惧绝望的死亡之路，也许是猛兽出入、难以逃匿的动物天地。但是，在这种惊险的经历中，你可以尽情领略大峡谷雄浑、壮观、瑰丽的美景，见识世界第一大峡谷的绝代风采，可谓是三生有幸，不虚此行。

荒漠中的魔鬼城

我国新疆乌尔禾地区有座神秘的古城堡，远远望去，仿佛楼台耸立，街道纵横。

在黄沙漫漫、杳无人迹的荒漠地区，哪来这样一个气势雄伟的城堡呢？走近一看，它不是屋舍俨然、市井繁华的城市，而是层层叠叠的陡崖石壁。奇形怪状的山石，耸立在地面上，有的像古堡城墙，顶上还有起伏不平的"雉堞"；有的像亭台楼榭，可见到飞檐斗拱；有的像纪念塔、金字塔，还有的像狮身人面像哩。崖壁中间，有蜿蜒盘绕、坎坷不平的通道，仿佛迂回曲折的马路。许多岩石雕塑，似人像，又似珍禽异兽，真是千姿百态，惟妙惟肖，栩栩如生。可是，这个"城市"却是冷落荒凉，渺无人烟。

在月白风清的夜晚，它却另有一番令人望而生畏的景色，奇形怪状的城堡，在朦胧的月光下，随月光移动，变化万千。

当晴空万里、微风轻拂的时候，人们漫步城堡，耳边只听到一阵阵从天边飘来的美妙乐曲，宛如千万根琴弦在拨动，又仿佛千万只钟鼓齐鸣。可是，旋风一刮，飞沙走石，天昏地暗，那美妙的乐曲顿时变成各种怪叫，像驴叫、马啸、虎嘶……又夹杂婴儿的啼哭，女人的尖笑；继而又像处在闹市中：叫卖声、吆喝声、吵架声不绝

51

于耳；接着，狂风骤起，黑云压顶，鬼哭狼嚎，四顾迷离……城堡被笼罩在一片昏暗中。嶙峋的怪石犹如鬼影幢幢，蒙古人叫它"苏努木哈克"，哈萨克人叫它"萨依但克希尔"，意思都是"魔鬼城"。

当然，这里并没有什么魔鬼，各种奇怪的声音，也是风耍的把戏。由于崖壁的形状大小和厚薄不同，其中还有很多裂隙和洞穴，受到风的吹拂，就发出了各种怪异的声音——微风吹来，如和谐的抒情曲；狂风大作，就变成了怒涛呼啸，鬼哭狼嚎，使人毛骨悚然。

这是一座被遗弃了的古城废墟吗？不是，它是大自然的杰作，是风把大地塑造成这个样子的。原来，这里大多是古生代二叠纪的沉积岩层，以砂岩为主，距今已有2亿5000万年了。沉积岩一层又一层相叠，有的厚些，有的薄些；有的坚实，有的疏松。沙漠地区，干燥少雨，白天骄阳似火，把大地烤烫；一到夜晚，气温迅速下降，冷热变化剧烈。岩石热胀冷缩，天长地久，就碎裂出许多裂缝和孔道。沙漠地区多大风，这里正处在两山之间的峡谷地带，面对着准噶尔盆地三大风口之一的老风口，常年受到中亚沙漠地区吹来的西北风的影响。每年风季，7~8级风是常有的事，最大风可达12级。狂风夹带大量砂粒，扑打在岩石上，犀利的砂子成了独特的"画笔"和"刻刀"，对准那有坚有松、有紧有软的崖壁，年复一年地磨蚀、雕刻，将崖壁切割成大小不等、形状各异的断面。这些崖壁，层次分明，凹凸不平，千姿百态，酷似古城遗迹，十分壮观。地质学家把这样的风力侵蚀地貌叫作"雅丹地貌"。

52

神秘的乐业天坑群

乐业天坑群位于中国广西百色地区乐业县。它是由众多的独立天坑相连组成的，占地约 20 平方千米。从高空俯视，一个个天坑都好像是在崇山峻岭中凿出的竖井，四周环绕着悬崖峭壁，光秃秃的无法攀缘，颇有"千山鸟飞绝，万径人踪灭"的气象。

天坑底部的景色别具风情，在光照不够充足的情况下，大片的原始森林生长繁茂，树木粗壮、高耸，一看便知年代久远，密密匝匝的灌木丛穿插其间；森林下方的土地上覆盖了一层厚厚的苔藓，踩上去如地毯般松软舒适；幽暗的河水舒缓地流动着，用自己的语言窃窃私语着。

由于地形环境的恶劣，人们的足迹还未通向那里，它才得以保持独具特色的风貌。行走在森林中，无数意想不到的新发现会令科学家们惊异万分：与恐龙同时代生长的国家一级保护植物桫椤、方形的竹子，被认为绝迹的古生物洞螈、盲鱼、透明虾、中华溪蟹、幽灵蜘蛛等。这里的动植物种类繁多，数量相当庞大。

远观乐业天坑的惊人图景，人们不禁感叹造物主的神奇，是什么力量才能成就如此奇景？对乐业天坑形成的原因，众说纷纭。有人认为是外星人到地球一游后留下的痕迹，科学家们却认为乐业天坑的形成是乐业县特殊的石灰岩地质所致。石灰岩具有可溶于水的特性，在雨水充沛的情况下，落在石灰岩地面上的雨水，裹挟着溶解的石灰岩顺着地缝向地下流，汇入暗河，扩大溶蚀的范围，日积月累，造成了大面积的地下空洞，最终导致地表下陷坍塌，才形成了天坑的奇特景象。

　　天坑底部的风貌独特，带给人们无限的遐想空间。流经天坑的两条暗河为何具有一冷一热的现象，科学家们也无法解释清楚。天坑的神秘莫测吸引了众多中外科考探险队员前来探访。1999 年的一次考察活动中，探险队员们在经过水浅而狭窄的暗河时，武警少尉覃礼广在搀扶众人涉水渡过河后突然落水，刹那间便不见了踪影，搜救工作持续了一个多星期后无功而返。令人困惑的是，走过如此浅窄的河流，中老年人尚且平安无事，年仅 25 岁的武警战士为何会失足落水？失足落水后为何会不见踪影？时隔一年后，美国一对探险家夫妇发现了他的遗骸。从此，天坑吞噬人的传闻给这里增添了一层神秘的色彩。

　　世事变幻剧烈，万物皆非昨日，只有乐业天坑群还保留着一些百万年前的原始面貌特征，我们可以借此了解自然界的过去以及自然界变化的轨迹。

日本圣山富士山

富士山是日本的第一高峰，被日本人民誉为"圣山"。它也是世界上最美丽的高峰之一，兀立云霄的山顶，终年白雪皑皑。

富士山位于本州岛的中南部，东距日本首都东京 80 千米，南距太平洋海岸 26 千米，面积 90 多平方千米，主峰海拔 3776 米。富士山山体呈圆锥形，很像一把倒挂悬空的扇子，"玉扇倒悬东海天""富士白雪映朝阳"等都是赞美它的著名诗句。

富士山是一座活火山，曾经有多次火山喷发的历史。公元 781～1707 年间，富士山就喷发过 18 次，后来它停止了喷发，可是至今还保持着喷气现象。富士山山顶有大小两个火山口，其中大的火山口直径约 800 米，深约 220 米。

日本处于亚欧板块与太平洋板块的交界地带，两大板块碰撞挤压，所以地壳运动剧烈，多火山和地震。几百万年以前，现在日本所在的地区曾经是浩瀚的太平洋的一部分，后来海洋变成了陆地。近百万年来，在现在富士山的东侧，有一条长 250 千米、宽 60 千米的狭长地带，发生过大规模的地壳陷落。伴随着地壳陷落又产生了强烈的火山活动，地下的熔岩大量喷发出地表，形成一条巨大的火山带，它从日本中部向东南太平洋中延伸，经伊豆诸岛到达水笠原群岛，长约 1000 千米，其中最著名的火山就是富士山。

富士山和其他的高峰一样，植被层次分明，山上植物种类多达 2000 种。海拔 500 米以下是亚热带常绿阔叶林，海拔 500～2000 米是温带落叶阔叶林，海拔 2000～2600 米是寒温带针叶林，海拔 2600 米以上是高山矮曲林带，而山顶常年积雪。天气晴朗的清晨，登上峰顶就可以看到如波涛翻滚的云海，观赏从海上喷薄跃出的红日。

由于火山喷发，在山麓形成了无数山洞，千姿百态，十分迷人。有的山洞至今仍然喷气，有的山洞则已死气沉沉，冷若冰霜。这些洞穴内的洞壁上面结满了钟乳石似的冰柱，终年不化，被称作"万年雪"，是极为罕见的奇观。

富士山周围分布着 5 个淡水湖，统称富士五湖。它们都属于堰塞湖，是火山喷发的熔岩和碎屑物堵塞河流而形成的湖泊，从东到西分别为山中湖、河口湖、西湖、精进湖和本栖湖。山中湖是五湖中最大的湖，面积约 6.75 平方千米，湖中映出富士山的倒影。本栖湖是五湖中最深的湖，最深处达 126 米，湖面呈深蓝色，终年不结冰，透出一种神秘气息。

富士山的南麓有一片辽阔的高原地带，是绿草如茵、牛羊成群的牧场。山的西南麓有著名的白系瀑布和音止瀑布。白系瀑布落差 26 米，从岩壁上分成十余条细流，自空而降，形成一个宽 130 多米的雨帘，极其壮观。音止瀑布就像一根巨柱从高处冲击而下，声如雷鸣，震天动地。

20 世纪以来，富士山以其独有的湖光山色的魅力，吸引着世界各地的游人。

风光迷人的下龙湾

越南的下龙市有一个美丽神奇的海湾,这就是被称为"世界奇观"的下龙湾。在下龙湾中,有数不清的小岛冒出蓝色的海面。这些具有典型喀斯特地貌特点的小岛,造型各异,千姿百态,景色优美,充分体现了大自然的神奇造化、鬼斧神工。这些小岛将下龙湾点缀得如诗如画,如梦如幻。由于下龙湾中的小岛都是石灰岩的小山峰,与桂林山水有异曲同工之妙,因此曾到这里旅游的中国客人都亲切地称下龙湾为"海上桂林"。

下龙湾是越南最著名的风景区,1994 年,联合国教科文组织将下龙湾列入《世界遗产名录》中。关于下龙湾名称的来历有种种传说,其中流传最广泛、最久远的神话传说是这样的:在很久以前,有一条母龙降落在这个海湾,挡住了汹涌的波涛,使这一带居民安居乐业。因此,人们便把这个海湾称为"下龙湾"。随同母龙下海的还有一群龙子,所以附近的小海湾又被称为"拜子龙湾"。据科学考证,这里原是亚欧大陆的一部分,后来地壳下沉,海水入侵,许多山峰露出海面,便形成了这种自然奇观。

下龙湾是越南北方广宁省的一个海湾,离越南首都河内 150 千米。下龙湾面积约 1500 平方千米,在这片海面上,小岛林立,星罗棋布，姿态万千。据说这里有 3000 多座山和岛，仅人们根据不同形状或特征命名的山和岛，就有 1000 多座。

大自然的鬼斧神工将山石、小岛雕琢得形状各异，海上如诗如画的风光使人目不暇接：筷子山，像一根直插海底、外形粗大的筷子；马鞍岛像一匹灰色的骏马，踏着海浪，奔腾向前；斗鸡山两山对峙，像一对正在争斗的雄鸡。其中最有名的还是蛤蟆岛，这个岛就像一只嘴里衔着青草的蛤蟆，端坐在海面上，栩栩如生。岩岛上还有许多岩洞，其中最具特色的是木头洞，它位于万景岛上海拔 189 米的高峰的半山腰，有"岩洞奇观"之称，洞口不大，但洞内广阔。木头洞分为形状、规模各不相同的三洞。外洞可以容纳数千人，犹如一个高大宽敞的大厅。洞口平坦，与海面相接，涨潮时，小游艇可以一直开进洞口。从拱形洞口射进来的光线，照得一座座钟乳石闪现出绮丽的光彩。再通过一个螺口形的洞口，就进入长方形的内洞。这个洞长约 60 米，宽约 20 米，四周钟乳石错落有致，又自然地形成了许多小洞及生动的雕像造型，让人流连忘返。

在下龙湾的万景岛以西 3000 米处，有个巡洲岛，它是下龙湾里唯一的土岛。岛的东部有许多两层楼，引人注目，其中一幢八角形的红瓦楼房，掩映在青松、白檀丛中，这是越南前主席胡志明生前游览下龙湾时休息的地方。

下龙湾还有近乎原始状态的热带丛林，岛上树木花草青葱繁茂，还有野猪、梅花鹿等野生动物出没其间。

山明水秀、风光迷人的下龙湾，是旅游度假的好去处。

菲律宾的火山群

位于环太平洋火山带上的菲律宾，是火山活动最活跃的国家之一。因为菲律宾正处于亚欧板块与太平洋板块交界地带，两大板块相互碰撞挤压，地壳运动剧烈，所以火山和地震在菲律宾十分常见，50 多个火山散布在众多的岛屿上。这些火山频繁爆发，有些火山的爆发甚至影响到了全世界。著名的火山有阿波火山、马荣火山、塔尔火山等。

阿波火山是菲律宾境内的最高峰，有"火山王"之称。它位于棉兰老岛达沃市西南约 30 千米处，海拔约 2954 米，至今仍经常冒烟，是一座典型的活火山。火山南坡有富有传奇色彩的土达亚瀑布。这条瀑布从一个壁龛处飞泻而下。传说这个壁龛是由一名叫土达亚的美丽姑娘雕刻的，瀑布因此而得名。土达亚瀑布颇为奇特，时而潺潺细响，时而金鼓轰鸣。

塔尔火山也叫母子火山。塔尔火山位于菲律宾吕宋岛的西南部，火山口长 25 千米，宽 15 千米，面积 300 多平方千米，水深 170 米。在有历史记录的 500 年来，它已经喷发数十次了，最近的一次喷发在 1975 年。火山口由于常年积水，形成一个火山口湖，名字叫塔尔湖。塔尔火山是一个十分奇特的火山，在它的火山口湖中央，竟然还有一座活火山，是在 1911 年的一次火山喷发中形成的，是地球上最小的一座活火山，人们给它取名叫"武耳卡诺"，意思是"燃烧的山"。塔尔火山就像袋鼠妈妈的育儿袋中还有一只活泼可爱的小袋鼠一样，大火山口中套一个小火山口，共同构成了母子火山。塔尔火山山中有山，湖中套湖，成为大自然的一大奇迹。

远望塔尔火山，总是雾霭弥漫，让人无法看清山顶那个小火山口到底是什么样子。但是只要登上峰顶，任何人都会被眼前壮观的景色所迷倒。整个火山口湖像一口很深的大井，从峰顶到湖面约有100 米，湖中水波不兴，平静得像一面镜子。望着这平静的湖水，人们很难想象下面蕴藏着无限"激情"，也许它正在积蓄力量，等待下一次的喷发。

马荣火山位于吕宋岛东南部，在菲律宾首都马尼拉东南方约340 千米处。马荣火山也是一座活火山，是世界上轮廓最完美的圆锥体火山，是菲律宾著名的旅游景点。马荣火山平缓的山坡匀称和谐，一年四季都有气体源源不绝地从喷口飘出，经常凝成朵朵白云，缭绕山顶。晚上，它喷出的烟雾呈暗红色，整个火山像一座三角形的烛台，耸立在夜空中闪闪发光。马荣火山是菲律宾最活跃的火山之一，在过去的 400 年间爆发过 50 次。

马荣火山第一次有记录的喷发是在 1616 年；最近的一次喷发是在 2001 年 6 月；最具毁灭性的喷发是在 1814 年 2 月 1 日，熔岩流淹没了一整座城市，造成 1200 人死亡。那次马荣火山肆虐之后，在被熔岩覆盖的地表上，仅剩市中心的钟楼露出一小部分。

马荣火山海拔 2421 米，周围占地约 250 平方千米，当它将要喷发时，火山口隆隆作响，向人们发出警报。

地球上的伤疤

在东非高原上，分布着许多大大小小的湖泊，好像一长串珍珠。有趣的是，除了维多利亚湖以外，它们都有相同的特点：岸陡水深，形状狭长。

这些湖泊都在东非大裂谷内，分成东西两个带。东部一个带从赞比西河口起经过奇尔瓦湖、马拉维湖、埃亚西湖、纳特龙湖、马加迪湖、巴林戈湖、图尔卡纳湖，穿过埃塞俄比亚高原小湖泊群，到阿萨尔湖、红海、亚喀巴湾，一直延伸到死海和加利利海，长6000多千米。西部一个带从坦噶尼喀湖经过基伍湖、阿明湖，一直到蒙巴托湖以北逐渐消失，长1700多千米。

东非大裂谷是世界上最长的裂谷带，有"地球上的伤疤"的称号。它宽50~80千米，底部是一条带状的低地，夹嵌在两侧高原之间，仿佛一条干涸了的巨大河谷，在群山中延伸。裂谷底部比两侧高原平均要低500~800米。两岸悬崖壁立，高原上火山座座，巍然屹立；裂谷底部湖泊成串，使东非的湖光山色更具有雄伟多姿的风采。

坦噶尼喀湖是世界上最狭长的湖泊，长约670千米，湖岸是峭壁陡崖，湖上碧波荡漾，景色秀丽。它还是世界第二深湖，湖底最深处达 1435 米，仅次于俄罗斯的贝加尔湖。

大裂谷带自然景观瑰丽多彩。附近有许多活火山和死火山，乞力马扎罗山、梅鲁火山、尼拉贡戈火山等闻名世界。

红海两岸也是十分陡峭，海水很深，最深处达 3050 米，亚喀巴湾深约 1828 米，死海湖面比海平面还低 400 米，是世界陆地表面的最低点。

东非大裂谷为什么成为世界最长的裂谷带呢？原来，那里是个巨大的断层陷落带，它是在地壳运动过程中，由地壳断裂作用形成的，而地壳断裂，则是由于地幔上层的热对流引起的。东非处在地幔热对流上升流的强烈活动地带。地幔上升流的上升作用，使东非隆起成为高原，随着上升流向两侧扩散，又使地壳受到张力而产生裂缝。先是地壳出现两条大致平行的大断裂，然后裂缝中间的地面逐渐下沉，同时断裂的两翼相对抬升，形成裂谷的两壁和深陷下去的宽带状低地，那些低洼的地方积水成了湖泊。在裂缝产生时，往往伴随着激烈的火山地震活动。

东非裂谷带到现在仍是地壳很不稳定的地带。基伍湖附近的尼拉贡戈火山活动是一个很好的例子。它海拔 3470 米，山顶有个长 300 米、宽 100 米的火山口，山顶终年被浓密的火山烟雾所笼罩，到处散发着刺鼻的硫黄味。火山口有世界上唯一的炙热岩浆湖。通红的岩浆，沸腾翻滚，发出咆哮轰鸣声，好像铁水在奔流，是自然界又一壮丽的奇观。1979 年，在阿萨湖附近，一群火山同时爆发。据科学家确定，由于巨大构造力的作用，非洲和阿拉伯半岛之间的距离增大了 120 厘米。此外，沿断层裂隙，分布着很多温泉和喷气孔，地震活动频繁，标志着东非大裂谷仍处于扩张演变之中。

挪威的峡湾海岸

斯堪的纳维亚半岛的挪威西海岸，南起卡格拉克海峡，北到巴伦支海，都有峡湾分布。众多的峡湾，15 万个岛屿、岩礁，形成了世界上最曲折的海岸线，长 2 万多千米。

这种独具风格的峡湾，实际上是一种狭长而曲折的海湾，它深入大陆，两岸尽是悬崖峭壁。峡湾宽几千米，长几十到几百千米，出口的地方，水只有几十米深，而湾内最深的地方却有 1000 多米深。峡湾给挪威增添了奇景，并使它闻名世界。

最著名的桑格纳峡湾，长 220 千米，宽 4 千米，出口处深 45 米，湾最深处达 1224 米。两岸山高谷深，谷底山坡陡峭，垂直上升，直到海拔 1500 米的峰顶。在峡湾里峭壁接着峭壁，便于登陆的地方很少，偶尔有些小岬角，上面建有小城镇。

丹格哈尔峡湾长 182 千米，深 762 米，两岸峭壁上，瀑布飞泻直下，景色奇特而雄伟。特龙赫姆峡湾长 136 千米，深 610 米，两岸曾经是古代人口密集的地区。哈当厄尔峡湾长 179 千米，深 564 米，周围冰川湖众多，风景优美，别具一格，这里既有皑皑的雪山，也有苍郁的松林，坡上还有农场。

由于峡湾两岸有高峻的山崖，因此当挪威的海洋上风急浪高的时候，峡湾内却是风平浪静，可是，当涨潮的时候，汹涌的海水像一堵移动着的水墙，向着峡湾奔腾而来，势如排山倒海。

在阴霾的日子，峡湾显现出阴森和庄严的面貌。可是，晴天来到的时候，平静如镜的海水中倒映出崖壁和山峰的影子，具有独特的壮丽之美。

春夏之际，山顶覆盖着冰雪或苔藓；山坡草地上，成群的牛羊在享受美餐，有些地方生长着苍翠的针叶林；在山脚下的水边，却有人穿着游泳衣晒太阳。冰雪融水，沿着山坡泻下，形成了无数瀑布。在无风的日子里，除了瀑布声外，峡湾几乎一片寂静。

一般在峡湾根部地区都是土壤比较肥沃的谷地，它的周围地区和山崖上，有不少珍贵的动植物。如树身高大挺拔、树冠绿得发蓝的欧洲松，树干白色镶黑斑的欧洲白桦，还有欧洲白蜡树、英国栎和云杉等；野生动物有雷鸟、北极潜鸭、雪雕、苍鹭、驯鹿、北极狐、斑海豹、海狸、北极熊等。

峡湾是重要的航道，可通行海轮，是天然的港湾。奥斯陆、卑尔根、特隆赫姆等城市，都在峡湾内。峡湾里盛产鳕鱼、鲱鱼、鲐鱼和鲑鱼，渔业十分发达。利用峡湾里的潮汐还能发电。

挪威峡湾是怎样形成的呢？原来，在第四纪的时候，地球上气候很寒冷，挪威被巨厚的冰川覆盖着。在冰川从陆地向海岸滑动的过程中，地表长期受到冰川的刨蚀和深切，使海岸形成了众多的槽谷。冰川退却后，海水入侵，才形成了狭长而曲折的峡湾。

巨人之路海岸

在英国北爱尔兰的安特令郡海岸，风景秀丽，悬崖高耸，陆岬奇特，海滩优美，海蚀洞不时会发出阵阵浪涛的回声。这里有世界著名的巨人之路海岸奇观。

巨人之路海岸并不平整，直立的山壁平均高度可达 100 米，有些诡异，有些凶险。巨人之路从海岸延伸入海，在漫长的海滩上布满了规则的多边形玄武岩石柱，有 38000 余根，绵延几千米而井然有序，就像一条人工开凿的路。巨人之路，气势磅礴，千万年来矗立在海水和海风中，每根石柱的条理不尽相同，向人们展示着亿万年岁月的痕迹。乍一看，石柱大小均匀，美轮美奂。但仔细观察，石柱大部分是完全对称的六边形，也有少数是四边、五边、八边和十边形，直径在 40～50 厘米之间。石柱有高有低，相互错落，整齐中藏着无穷变化，自然之趣盎然。有的石柱稍稍露出海面，就像海面上的台阶；有的石柱高耸入云，就像海边高高的烟囱；有的石柱粗粗胖胖，简直就是富人家的大酒缸；有的石柱节理紧凑，像极了夫人们手中的扇子……

走在巨人之路上，近可观峭壁上镶嵌的根根石柱，远可眺沿岸壮阔的层层海涛，绵延 8000 米的岩柱泛着赭褐色的光芒，从峭壁直直地插入大西洋深蓝色的海水中，汹涌的海浪拍打着岩柱，漫天的白色泡沫转瞬即逝，湿漉漉的岩柱充斥着远古洪荒气息。

巨人之路这个奇观是怎样形成的呢？在爱尔兰有一个民间传说，相传很久以前，爱尔兰有一个巨人名叫芬·麦克库尔，他爱上了远在苏格兰的美丽姑娘，可是，隔着茫茫无际的大海，两个相亲相爱的人怎么能相聚呢？为了迎娶自己的心上人，巨人决心要在爱尔兰与苏格兰之间修建一条连接两岸的道路。他费尽千辛万苦，昼夜不停地在大西洋竖起了一根根石柱，终于筑成了一条通往苏格兰的堤道。在一个晴空万里、艳阳高照的美好日子，巨人的新娘迎着微微的海风，踏着一根根石柱款款走来，巨人之路就是他们爱情的见证。关于巨人之路的传说众多，独独这个传说流传最广。原始粗犷的石柱，浪漫的爱情故事，别样的搭配也很有韵味。

地质学家的解释是这样的：约在6000万年前，地壳剧烈运动，不列颠群岛各地火山喷发频繁。巨人之路附近产生了一条大的裂缝，大量的玄武岩熔岩从裂缝中喷发并溢出地面，覆盖了美丽的海滩。由于熔岩缓慢地冷却，速度均匀，在冷却中不断收缩，使冷却了的熔岩变成了规则的六棱柱状体。在冷却收缩过程中，表面的裂隙便伸展到整片熔岩，形成了许多垂直的纹理，分割了那些表面平坦的玄武岩柱。最后，这些棱形岩柱长年经受海风的侵袭、海浪的冲击，岩柱在不同的高度被截断，便形成了巨人之路石柱参差错落的阶梯状表面。人们根据石柱的奇特形状，给一些石柱起了有趣的名称，如"如愿椅""烟囱顶""巨人井"等等。

荒原上的艾尔斯巨岩

在澳大利亚中部一望无际、干燥寂静的荒原上，在离爱丽丝泉城500千米的厄尔鲁鲁国家公园内，有一块硕大无比的巨岩——艾尔斯岩——静静地横卧着。它在荒漠平原上突起，高348米，长3000米，底部周长约9000米，占地面积约12万平方千米，是世界上最大的独块巨岩。

艾尔斯岩不是山，而是一块天然的大石头，人们经常把它描绘成肾脏形，但从不同的角度看，它的形状也不同。从空中鸟瞰，艾尔斯岩不规则的轮廓呈一只巨掌状，天气晴朗无云时，它呈赤褐色，仿佛荒漠中的一大堆氧化的铁渣。

艾尔斯岩的色彩随天气和太阳光的照射变化而不同。黎明时在阳光照射下，它呈现出鲜明的粉红或朱红的色彩；傍晚在夕阳的余晖中，它呈现出橙红的色彩。一整天，它随时间、云彩的变化还会呈现出棕色、黄色或紫色。

最奇特的景观常常在傍晚和雨天出现。每天傍晚，当西沉的夕阳靠近地平线时，奇景开始展现了。徐徐的落日躺在地平线上，柔和的光线照在沙漠中的各种物体上，拉出一道道越来越长的阴影，只有艾尔斯岩依然耀眼地矗立着，仿佛一座闪着橙色的孤岛。当太

67

阳落到地平线下时，它又怪异地转化成一个火红的圆盖，开始炽烈地"燃烧"着。不久，道道阴影迅速向艾尔斯岩扑来，压灭了那燎原的"火焰"。大漠顿时陷入黑暗之中。当月亮爬上繁星闪烁的苍穹时，艾尔斯岩从黑暗中隐隐露出一个暗淡的轮廓。

在下雨的时候，艾尔斯岩上水汽迷蒙，好像蒙上了一块银色的面纱，穿着一袭盛装的礼服，风姿万千。雨水顺着石壁长年风化产生的槽沟泻下，形成千万条小瀑布，仿佛无数银带从巨岩顶部飘落。众多的瀑布泻落时，渐渐汇合成几个大瀑布，宛如神龙从天而降，激流奔腾，声若雷鸣。

艾尔斯岩表面看是光秃、死寂的，但仔细观察，它也孕育着生机。这里气候干燥，降水稀少，因此植物和动物都有不靠水而长时间生存的本能。大袋鼠可以几个星期不饮水，野猪、野狗、狐狸、野兔常在山脊上出没，苍鹰、乌鸦也常在岩背上落脚。每当雨后，在岩脚周围也会生出一圈青青的植被。

构成艾尔斯岩的原始岩石成分主要是坚硬的石英砂岩，含铁量很高，在空气中发生氧化，天长地久，使岩石表面呈现褐红色。由于45000万年前发生了一次神奇的地壳运动，来自不同方向的强大挤压力，使艾尔斯岩内部的自然接缝受到挤压，形成了一块完整的巨大岩石。后来，地壳又隆起上升，将这座巨岩推出地表，经过亿万年的风雨沧桑，周围的砂岩已经被风化为沙砾，只有这块巨岩有着独特的硬度，整体没有裂缝和裂隙，抵抗住风剥雨蚀，仍然以其磅礴的气势巍然耸立于茫茫荒原之上。

科罗拉多大峡谷

科罗拉多大峡谷是世界上最长的峡谷。它位于美国西部亚利桑那州境内的科罗拉多高原上，科罗拉多河蜿蜒曲折穿流其中，它因此而得名。科罗拉多河发源于落基山脉，流经犹他州、亚利桑那州，由加利福尼亚湾入海。"科罗拉多"在西班牙语中的意思是"红河"，这是因为河中夹带大量泥沙，河水常显红色。大峡谷全长350千米，平均宽度16千米，平均深度1600米，最大深度达1740米。

科罗拉多大峡谷的形成经过了漫长的历史岁月，在几千万年甚至几万万年中，科罗拉多河的激流一刻不停地侵蚀切割着它。大峡谷两岸都是红色巨岩断层，岩峰壁立，下窄上宽，从峡谷两侧的绝壁上俯瞰深渊，或者从谷底仰视崖顶，惊心动魄，叹为观止。幽深的峡谷中，砂岩、页岩、石灰岩和板岩，有的地方还有岩浆岩，岩层裸露，层层叠叠，保持着原始状态。从远处眺望水平地层，由于峡谷迂回曲折，它像万卷书叠成的曲线图案，又仿佛一条长绸带在大地上随风飘舞。由于侵蚀作用强，峡谷中形成许多孤山和石柱，有的傲立山崖，有的匍匐谷底，洞穴遍布，千姿百态，变幻无常，都是大自然的创造。大峡谷中有几处名传天下的胜景，如"天使之窗""皇家山谷""帝王展望台""光明天使谷"等。其中"天使之窗"位于峡谷南缘，它是在一面山峰上出现的一个通天空洞。

大峡谷南北两岸高低不同，一水之隔，但自然景色迥异。北岸海拔 2400 多米，年降水量有 700 毫米，树木苍翠；南岸海拔 2100 多米，年降水量只有 300 多毫米，是一片荒漠景色。冬季，北岸大雪纷飞，麋鹿成群；南岸却温暖如春。可以说：隔水相望，冷暖干湿两重天。

令人惊奇的是，大峡谷的色彩变幻莫测，朝晖夕阳，气象万千。在一年不同的季节里，一天不同的时间里，都显现出不同的面貌。大峡谷的各个时代的岩层存在着各种不同的物质，加上太阳照射的角度不同，云雾的变幻，植物的变化，峡谷上下的景色随时在变幻，辉映出各种绚丽的色彩。

大峡谷还是一部活的地质教科书。从谷底向上攀登，一层接一层，分布着从老到新由各个地质时代堆积形成的岩层。岩基是太古代岩层，没有留下生命的痕迹。在它上面是元古代的水平岩层，已经在峡谷深处裸露出来。再上面是古生代的水平岩层，各种远古生物，在地层里都留下了代表性生物化石，从单细胞植物到石化了的树木，从鱼类到巨大的蜥蜴化石，都有分布。这在世界上是罕见的。

大峡谷已被辟为国家公园，供人游览。人们到大峡谷去旅行，还可以学到很多地质史知识。

美国的魔鬼塔

在美国西部怀俄明州东北的贝尔福什河流域，有一座陡峭的孤峰，它像一座拔地而起的树桩般的大岩石，又像一根屹立在天地间的擎天石柱。晴天时，远在 160 千米以外的地方，也能隐约看到它的雄姿。这就是美国的魔鬼塔。

魔鬼塔由一簇又长又直的石柱组成，从林木葱茏的底部到平坦的顶部，高达 265 米。塔底直径约 300 米，而平顶的直径只有 80～90 米，倾角达到 80°。

魔鬼塔是由赭黄色岩浆岩构成的，但看起来它的颜色却随着阴晴和观察方位的不同在不断变幻着。在阴雨天，塔顶掩隐在浓云之中，它那冲天拔起的气势，加上那灰黑的颜色，给人们带来一种阴森恐怖的感觉。

原来，在过去的地质年代，魔鬼塔所在的地区曾为一片海洋，大量的海底沉积物固结成一层层巨厚的石灰岩、页岩、砂岩等沉积岩。大约在 5000 万年前，地下的岩浆顺着地壳的裂隙上升，侵入了沉积岩，慢慢冷却凝结，形成岩浆岩。岩浆在冷却时也在收缩，便造成岩浆岩内部有很多垂直交错的裂隙和纹理。后来，随着地壳的隆起，原来的海底上升，成为陆地。由于岩浆岩的硬度比沉积岩要大得多，经过数百万年的风雨侵蚀，覆盖在岩浆岩上面的沉积岩逐渐被侵蚀掉了，岩浆岩就露出地表。再后来，岩浆岩周围的沉积岩，也被侵蚀作用一点点吞食掉了，最后只留下这块巨大的岩浆岩构成的魔鬼塔耸立在地表。但是，岩浆岩再坚硬，也会因无法抗拒自然的力量而受到侵蚀破坏。水渗入石柱体内部的空隙后，随着温度的变化反复膨胀、收缩，导致一些塔四周的柱体岩石从塔主体上相继崩落。碎裂的柱体岩石碎屑散布于塔基部，形成岩斜坡。

长期以来，魔鬼塔以它挺拔峻峭的雄姿和庄严独立的气势，吸引着广大的冒险家和游客。

1893 年 7 月 4 日，美国的一牧场主罗杰斯和同伴里普利一起，将 1 米长的木楔，一根根地揳入塔身节理缝中，做成了总长度达 107 米的登顶木梯，首次登上塔顶。1937 年，又有一个 3 人登山小组第一次不用云梯而全凭技巧登上塔顶。1941 年秋，一个多项特技跳伞的世界纪录保持者霍普金斯上了美国主要报纸的头版头条新闻。这年 10 月 1 日，他异想天开地从飞机上跳伞降落在魔鬼塔顶上，原计划缘绳而下回到地面，但飞机没能把 300 多米长的绳子投中塔顶，使霍普金斯欲下不能。消息使全国震惊，于是空投食物和毛毯，组织营救队，忙得不亦乐乎。10 月 6 日，8 名营救队员登顶成功，发现霍普金斯精神仍然很好，于是安全地把他带回地面。

美国国会曾把魔鬼塔选为美国第一个"国家名胜"，美国人称它为"地球上最惊人的山峰之一"。不久前，好莱坞拍摄的一部科幻影片，就是以魔鬼塔作为"外星人"驾驶太空船降落地球的地点。

神奇的天生桥拱

　　美国科罗拉多高原上有很多天生桥，这是一种特殊的砂岩侵蚀地貌形态，是大自然的一大杰作。其实，天生桥分为三种类型：一种是横跨河谷之上，桥下有流水的天生桥；一种是位于崖壁的底部，天生桥孔的下面没有流水的天生拱；还有一种是桥孔高悬于崖壁之上的天生窗。

　　天生桥大多分布在犹他州。据统计，孔口直径大于 8 米的天生桥，在犹他州就有 300 多座。它们耸立在峡谷之上或镶嵌在崖壁之中，把壮丽雄伟的科罗拉多高原点缀得更有生机。

　　在科罗拉多河支流的一个偏僻的峡谷上，有一座世界上最大的天生桥。它的跨度为 84 米，高出河面 94 米，桥顶厚 13 米，宽 7 米。桥由橙红色砂岩构成，在蓝天白云的掩映下，凌空飞架，仿佛天边美丽的彩虹。印第安人叫它"诺奈佐希"，印第安语的意思是"虹桥"，地质学家称它为"石虹"。

　　犹他州的圣胡安地区，在一条深 760 米的峡谷上，飞跨着 3 座这种虹桥。最大的一座跨度 80 米，高 68 米，印第安人称它为"挣脱苦难之门"，表示对自由、幸福的追求。第二座天生桥跨度为 57 米，高 62 米，桥上雕刻着印第安人舞蹈的图画。最后一座天生桥，跨度为 59 米，高 33 米，整个桥身呈扁平状。

除了天生桥外，科罗拉多高原上还有许多天生拱。犹他州东部的莫亚布城北 40 千米的地方，有一个"拱门国家公园"。这个公园集天下天生桥、天生拱之大成，有天生桥 124 座。这里的天生桥千姿百态，栩栩如生，造型奇特，姿态优美。有一个天生桥，由于冬季寒冷雨水的侵蚀，形成了 88 个拱顶。

在崖壁上的天生拱，一般是一个拱孔。这个公园里也有 2 个或 2 个以上拱孔的。有的双拱，拱顶之上分叉出两个拱顶，当中还开了一个天窗；有的双拱一大一小，模样奇特；有的双拱在同一崖壁上，中间隔开；有的上下左右有好几个大小不同的拱孔，远看像布满炮眼的炮台，叫"炮台拱"。天生拱的拱孔也是各种各样的，圆拱孔像戒指，扁平拱孔像鲸的眼睛，三角形拱孔朝上的像沙堆，朝下的像一个楔子。

天生拱拱体外形也是千变万化的，仿佛是天然雕塑的艺术品。有的像庄严的教堂，有的像古老的城堡，有的像一棵苍劲的古松，有的像摩天古塔，有的像长而深的隧道，有的像印第安人头像，有的像怪诞的魔鬼……

在峡谷地区国家公园里，有世界上最长的天生拱——风景拱。它那凌空飞架的拱身，扁平细长，长 88 米，高 30 米，拱顶很薄，最薄的地方只有 1.8 米宽，3.3 米厚，看上去很容易断裂崩塌。另外，还有两个造型十分风趣的天生拱：一个叫天使拱，它风度潇洒，仿佛一位天外来客；另一个叫巫师拱，它站在高坛上，宛如一个正在占卜的巫师。

科罗拉多高原上的天生桥和天生拱，神奇而又美丽。

猛犸洞穴国家公园

　　猛犸洞位于美国肯塔基州中部的山区里。猛犸是一种长毛巨象，如今已绝种。猛犸洞与这种猛犸没有任何关系，之所以叫这个名字，是因为主洞的体积十分巨大，命名为猛犸是为了形容洞穴庞大，并非是因为猛犸曾经在此居住过。

　　1972 年，约翰·威尔科克斯博和帕特里夏·克劳瑟女士分别率领探险组，从两个洞出发，然后在地下相遇，查明了猛犸洞群实际长度为 252 千米，是世界上最长的溶洞群。

　　猛犸洞由 255 座溶洞组成，共分 5 层，上下左右都可以相通，洞群成了一个曲折幽深的地下迷宫。洞里共有 77 座地下大厅，最著名的有中央厅、酋长殿、大蝙蝠厅、星辰厅、婚礼厅，等等。中央厅位于溶洞群的中部，里面有完善的旅游服务设施。酋长厅是其中最高大的一个厅，长 163 米，宽 87 米，高 38 米，可以容纳几千人。星辰厅很富有诗情画意，原来洞顶上分布了许多含锰的黑色氧化物，上面点缀着不少白色的石膏结晶，站在洞下仰望洞顶，仿佛是欣赏星光灿烂的天穹。大蝙蝠厅里栖息着成群的大蝙蝠，还有不少蜥蜴、老鼠，在暗河中还有几种眼睛完全退化的盲鱼。

　　在猛犸洞中，各色各样的石笋、石钟乳和石柱，光怪陆离，千姿百态，有的如人，有的似物，有的像各种动物，惟妙惟肖。有一处地方，从洞顶垂下的一排石灰岩体，看上去仿佛一条飞泻的瀑布，人们给它取了个美丽的名字："冰冻的尼亚加拉"。

猛犸洞内却真的有 7 个瀑布，分布在 3 条地下暗河上，还有个地下湖。有的地方水声轰隆，水珠飞溅；有的地方深邃宁静，好像一面镜子。最著名的要算"死海""回声河"和"忘川湖"了，每年 5～10 月间，暗河水量增大，水位升高，人们泛舟湖上，旅行在暗河之中，别有一番情趣。在暗河里，人们还可以捕到不少小鱼。深入地下的猛犸洞，洞中温度常年保持在 12℃ 左右，空气清新洁净，给人一种清凉舒适之感。

在古代，猛犸洞是印第安人活动的场所，1953 年在洞内发现一具古尸，据测定是 2300 多年以前的印第安采矿者。在洞内还发现印第安人的火把和一些其他遗迹。

猛犸洞被发现以后，许多地质学家为查勘和研究这个巨大的迷宫，进行过大量的工作。地理学家认为，猛犸洞穴系统是典型的喀斯特地貌，是流水的溶蚀作用形成的。大量的雨水渗入地下，经历了 2 亿 4000 多万年的漫长岁月，不断地溶解、侵蚀和冲击，形成巨大而幽深的洞穴以及洞穴中的石笋、石钟乳和石柱。

1930 年，美国政府将猛犸洞收归国有，6 年后将它开辟为猛犸洞穴国家公园，公园占地 207 平方千米。格林河和诺林河从公园蜿蜒流过，游客们可以乘独木舟游园，享受园中的美丽景致。这里是花的海洋，是鸟类的天堂，还是小动物的乐园。园内的人行道四通八达，并设有照明灯、长椅。游客在"冥河之泉"可以看到流经洞穴的河水奔涌出地面的壮观场景。

第三章　气象万千

世界热极在哪里

我国新疆的吐鲁番盆地，四周高山环绕，中间横亘着一座长长的低山，它的最高处海拔 851 米。由于这座山由侏罗纪红色砂岩构成，每当傍晚时分，太阳余晖照射在山上，远远看去，就像熊熊燃烧的火焰一般，所以人们把它称作"火焰山"。

在盆地里，每年有 3 个月的时间气温在 40℃左右。1957 年 7 月 13 日，这里曾经测到 49.6℃的极端最高气温，是我国气温最高的地方。每午夏季，盆地里热得像火烤一样，所以吐鲁番盆地又有"火洲"之称。

1879 年 7 月 17 日，阿尔及利亚的瓦格拉测到的绝对温度达 53.6℃，这个世界热极的纪录一直保持了 30 多年。

到 1913 年 7 月，美国加利福尼亚州的死谷出现了 56.7℃的高温纪录。从此，世界热极从非洲移到了北美洲。

1922 年 9 月 13 日，在非洲利比亚的黎波里以南的加里延，盛吹"吉卜利"热风时，以 57.8℃刷新了世界热极的纪录。当地人竟能在阳光下的墙上烙饼吃。世界热极又从北美洲回到非洲。同一天，美国地理学会在加里延附近测到的最高气温为 58℃，这是世界热极的新纪录，但是没有得到利比亚通讯部的确认。

到了 1933 年 8 月，墨西哥的圣路易斯也测到了 57.8℃的最高温度。21 世纪以来，人们在伊拉克的巴士拉测到了极端最高气温 58.8℃。这样，巴士拉获得了世界热极的称号。

如果以年平均温度来说，非洲埃塞俄比亚的达洛尔，1960～1966 年间的年平均气温是 34.4℃，也是世界的热极。

世界的热极瓦格拉、死谷、加里延、圣路易斯和巴士拉，都位于副热带地区，却不在赤道附近。这的确是个有趣的现象。

打开世界地图，就可以看到：北半球的陆地面积比南半球要大得多。而大陆的热容量比海水小，大陆的升温和降温都比海洋来得快。同样是夏季，同纬度区域相比，大陆的温度要比海洋高一些。北半球陆地面积远远大于南半球，因此，北半球夏季温度比南半球夏季温度高。同时，北半球夏半年要长 8 天左右；相反的，北半球冬半年，比南半球冬半年要短 8 天。这也使北半球获得的太阳热量比南半球要多些。

在赤道上，除了非洲、南美洲大陆以外，几乎都是海洋。灼热的阳光直射着，海水不断蒸发，天空经常飘浮着大片云团，下起雷雨，陆地上则覆盖茂密的热带雨林。这样，就使赤道地区空气变得很湿润，温度不会升得很高，一般不超过 35℃。

副热带地区，处于副热带高气压带控制之下，空气下沉，降水稀少，少云干旱。北半球有些地方，还受到从干旱地区吹来的东北信风影响，空气更加干燥，大地一片荒芜。在强烈的太阳光照射下，沙漠地带吸热快，温度剧升。沙粒最热时达 80℃以上，连鸡蛋埋在沙里也会被烤熟。有些地方，地势低洼，四周高山环绕，夏季高温时，热量不能散发。这些自然条件使世界热极出现在这些地区。

世界冷极在何方

世界冷极在何方？世界冷极的最早纪录是 -59.9℃，那是北极探险队在极地地区测到的。随着时间的变迁和探测活动的扩展，测定最低气温的地点在不断转移。先是出现在西伯利亚的维尔霍扬斯克，之后移到了西伯利亚的奥依米亚康，那里最低气温曾达 -73℃，出人意料的是，这里距离北极有 2500 多千米。

1957 年 5 月，美国阿蒙森—斯科特考察站在南极洲测到了一个新纪录：-73.6℃。从此，世界冷极就从北半球迁移到了南半球。这年 9 月，这个站又测到更冷的 -74.5℃ 的纪录。

1958 年 5 月，位于南纬 72° 的苏联东方站写下了另一个最低气温纪录：-76℃。6 月又下降到 -79℃。这样，世界冷极又从极点走出来。1960 年 8 月，东方站记录到最低气温纪录：-88.3℃。

1967 年 7 月，挪威科学家在南极点附近测到 -94.5℃ 的新纪录，这是迄今为止的世界冷极了。

在这种低温下，汽油会凝固，煤油不再燃烧，橡胶变硬发脆，连人们呼出的气体，也会在空中凝固。

南极洲的严寒，首先是因为它所处的纬度很高。南极洲绝大部分在南极圈以内，所获得的太阳辐射热量很少。在南极洲的暖季，虽然有几个月的白昼，但太阳光线与地面的夹角小，地面所获得的太阳光热有限。我们知道，同样一束太阳光线照射地面，它与地面夹角越小，地面单位面积获得的太阳光热就越少。假设一束横截面为 1 平方厘米的太阳光线与地面的夹角为 90°，地面 1 平方厘米获得 1 份热量，那么，这束太阳光线与地面夹角为 30°，太阳光线就会照射在 2 平方厘米的面积上，地面 1 平方厘米只能获得 0.5 份热量。即使在南极洲正午太阳光线与地面夹角最大的一天（12 月 22 日），南极点上的这个夹角也只有 23.5°。由此可见，在南极洲暖季时，虽有太阳光照射，但地面获得的太阳热量很少。而在南极洲寒季时，大部分时间是漫漫黑夜，无法得到阳光照射。

南极洲终年被冰雪覆盖，这也是南极洲气候极寒的一个重要原因。因为冰雪能强烈地反射太阳光，南极洲有 75% ~95% 的太阳辐射被冰雪反射掉。这样，能够被南极洲地面吸收的太阳热量更是少得可怜了。

南极洲地势高，平均海拔 2350 米，空气较稀薄，大气的保温作用差，加上空气中水汽含量极少，大气吸收地面长波辐射的能力弱，从而使南极洲地面的热量很快散失，这也是造成其气温很低的一个原因。

还有，在南纬 40° 至南纬 60° 之间，存在着强大的西风环流。它犹如巨大的"风墙"，阻碍了南极洲寒冷空气与热带、亚热带温暖空气的相互交换，这就加剧了南极洲的寒冷。

此外，南极大陆风速很大，连日狂风呼啸，大风把地面剩下不多的热量很快带走，使降温加快。

上述因素的共同作用，使得南极洲终年寒冷，尤其是寒季的漫漫长夜时，气候更加酷寒，成为地球上最寒冷的地方。

借问春城何处有

　　春风吹送，冰雪消融，梅花迎着冰霜破蕾怒放。冬去春来，夏至春又归，美丽的春光留不住。由于人们喜爱春天，我国许多地名中都有一个"春"字，例如吉林的长春，福建的永春，台湾的恒春等。如果以月平均气温 10℃～20℃ 作为春天来计算的话，这些地方的春天都不算长。长春春长 58 天；恒春春长只有 48 天，而夏天倒有 290 天；永春的春天算长了，也不过 102 天。它们都名不副实，不过是人们的一种美誉罢了。

　　世界上有没有四季如春的地方呢？

　　昆明有"春城"的称号。1 月份，北国漫天飞雪，寒冷刺骨，而昆明却春意正浓。火一样的红山茶花，一团团、一簇簇的花朵竞相开放，争春斗艳。正是："正月滇南春色早，山茶树树齐开了。艳李妖桃都压倒，妆点好，园林处处红云岛。"

　　一年中，昆明有 300 天春天，还有 65 天冬天。冬天时平均气温接近 10℃，好在这时候昆明晴空万里，阳光灿烂，白天气温容易升高，并无寒意。但是，强大的寒潮有时会袭击昆明，此时最低温度可达 0℃ 以下。

　　借问春城何处有？在中纬度的平原地区，春光是留不住的，只有在那些低纬度的高原山谷地带，才会有"恒春"和"永春"。原因是：低纬度地区，冷空气鞭长莫及；由于地势较高，气温逐渐下降，夏季也就无酷暑了。

我国最标准的春城，应该首推云南南部的思茅、临沧和红河谷地的元阳了。那里才真正是既无夏，也无冬，一年里天天都是春天。

不仅中国有"春城"，世界上许多国家也有"春城"。东南亚的掸邦高原，非洲的埃塞俄比亚高原、东非高原，美洲的墨西哥高原和科迪勒拉山地都有"春城"。

埃塞俄比亚首都亚的斯亚贝巴位于海拔2400米的高原上，由于地势较高，虽然地处热带，但各月的平均气温都在14℃～17℃之间，成了一座"春城"。这里四季山花烂漫，春意盎然。

也门的首都萨那，是座美丽而古老的城市，古代诗人称它为"阿拉伯的明珠"。它位于海拔2400米的高原上，四周群峰环抱，气候凉爽宜人，梯田层层，景色秀丽，也是一座"春城"。

拉丁美洲的墨西哥城、波哥大城和基多城，都位于海拔2000米以上的高原山地，也都成了气温宜人、空气清新的"春城"。

"春城"也只是从月平均气温来判断的，而在一日之中，却往往气温变化很大，会有四季出现。例如，昆明仲春时节，一天中最高最低气温相差14℃以上；冬季时中午春光明媚，而夜里还寒气逼人哩。

三大火炉与火洲

　　长江中下游地区，是我国夏季大面积天气炎热的地区。这里有许多"火炉"，其中最著名的三大火炉是南京、武汉和重庆。

　　三大火炉确实很热，7月平均气温都在30℃左右，极端最高气温，都在40℃以上（武汉41.3℃，南京43.0℃，重庆44.0℃）。高温天气延续的时间也很长，每年高于32℃的时间，都在2个月以上，高于37℃的日子，也超过15天，并且从早到晚，气温的变化不大，不仅白天热，夜晚也热不可耐。

　　为什么"三大火炉"这么热呢？

　　原来，长江中下游地区在夏季伏旱时期，受副热带高气压控制，天空万里无云，大气对太阳辐射削弱少，似火的太阳把大地晒得热辣辣的。发烫的大地烤热了空气，使气温升得很高。而且这3个城市都位于长江沿岸的河谷中，海拔很低，地面的热量不易散发，使气温不断升高。再加上这里水田遍布，沟渠河道纵横，在烈日照射下，水分蒸发，空气湿度增大，人体出汗以后不易干燥，通过汗腺散热的作用就降低了。在高温高湿的情况下，人会感到分外闷热。

　　其实，三大火炉还不算热，用各项指标温度来比较，还有更热的火炉呢！以长江沿岸邻近城市来说，安庆就比南京热，九江就比武汉热,万县也要比重庆热。

我国极端最高气温在新疆的吐鲁番盆地,1975 年 7 月 13 日,在这里曾观测到气温 49.6℃的最高纪录。

在吐鲁番盆地,有"沙堆中煮鸡蛋,石板上烤烧饼"的说法。盆地中部横亘着一座山,它的最高处海拔 851 米。这座山由侏罗纪红色砂岩构成,在阳光照射下,呈现出火焰一般的颜色,人们把它称为火焰山。每年夏季,盆地里热得像火烤一样,所以吐鲁番盆地又有"火洲"之称。

吐鲁番盆地尽管在北纬 40°以北,但在夏季,正午太阳光与地面的夹角还是相当大的,加上夏季白昼较长,天空又晴朗少云,所以,到达地面的太阳辐射热量很多。

其次,吐鲁番盆地深居内陆,具有明显的大陆性气候特征。地面热容量较小,受热后温度急剧上升,又不像东部沿海地区时有海风的影响,所以在同样受热的情况下,比东部沿海地区更容易出现高温天气。

再者,吐鲁番盆地四周高山环绕,地形相对封闭,大气与外界交换作用比较弱,易造成局部地区高温现象出现。

另外,吐鲁番盆地地表植被很少,也缺少面积广大的水域,其蒸发和蒸腾的降温作用不明显。

在上述原因的共同作用下,吐鲁番盆地夏季气温很高,成了我国的"火洲"。此时,天山上的冰雪大量融化,提供了灌溉水源,在山麓的绿洲上,可见到一片片葡萄园和长绒棉田。

下雨最多的地方

世界降水量的分布是不均匀的。有的地方，雨下得特别多，甚至天天在下雨。

我国四川西部，山岭起伏，那里的峨眉山是大陆上多雨的地方，有"西蜀漏天"之称。

台湾地区的山脉，南北绵延，位于基隆南面的火烧寮，是我国最多雨的地方，平均年降水量 6500 多毫米。1912 年出现过 8408 毫米的纪录，被称为中国的"雨极"。

我国沿海地区，每年夏秋季节，从太平洋、印度洋吹来的东南季风、西南季风，越过山地，被迫上升，容易凝云播雨。台湾的火烧寮除了夏季雨季受到东南风和台风的影响外，在冬季还受到西北季风的吹拂。西北季风从亚洲大陆内部吹来，比较寒冷干燥，但越过东海和台湾海峡后，所含水汽大大增加，稍稍受到山地的抬升作用，就很容易形成绵绵冬雨。火烧寮从 11 月到第二年 3 月所降的雨水，约占全年的一半。可见，火烧寮一年四季都有丰富的降雨，而又以冬季为最多，这是我国其他地方少见的现象。

世界绝对降雨最多的地方是印度东北部的乞拉朋齐。1860 至 1861 年这里出现了年降雨量 20447 毫米的纪录，成为世界"雨极"。

1960 年 8 月到 1961 年 7 月，这里的降雨量又出现 26461 毫米的最高纪录。

为什么乞拉朋齐多雨呢？原来，这个地区东、西、北三面都有高山屏障，尤其是北面的喜马拉雅山脉，挡住了西南季风由印度洋吹来的湿热气流，使饱含水汽的气流被迫上升，凝结成大量的地形雨。而乞拉朋齐正位于这个地区的卡西山脉南坡，海拔 1313 米，它的东西两旁均为山地，仅南面向孟加拉湾开口，地形为漏斗状谷地，夏季南面的西南季风涌入，爬到山坡，便形成倾盆大雨。

世界多雨的地方除了乞拉朋齐以外，还有非洲几内亚湾沿岸、南美洲亚马孙河流域、西印度群岛和太平洋中的某些岛屿。

有的地方不仅年降水量大，而且天天下雨。如巴西的巴拉城，每天都要下几次雨。更奇怪的是，每次下雨都有固定的时间。因此，当地居民有个习惯，谈论时间不用钟表或太阳，而是用雨。他们不说上午几点钟、下午几点钟，而是说第几次雨后。

巴拉城靠近赤道，阳光强烈。早晨，气温较低，空气中水汽含量较少，天气晴朗。此后，海面温度逐渐升高，蒸发增强，湿气不断上升，在空中冷却凝结成积雨云，落下大雨来。雨过天晴，低层空气温度降低，阳光继续灼照，不断循环变化，十分有规律。

有些地方降水量不大，却常常下雨。智利南部的巴希亚·菲利克斯，平均每年有 325 天在下雨。原来，这里处在西风带内，长年从太平洋吹来的西风，带来大量水汽，受到地形的抬升，因此多阴雨天气。

终年无雨的地方

提起少雨的地方，人们就会想起沙漠来。那里空气中含的水汽很少，雨水很少。

柴达木盆地边缘的冷湖，年降雨量15.4毫米，芒崖年降雨量也只有15.4毫米，气候十分干燥。塔里木盆地也是我国降水量少的地方。塔克拉玛干沙漠东南部的若羌，年平均降水量只有5毫米。这些地方深处内陆，四周高山环绕，离海洋很远，湿润空气很难到达。

非洲撒哈拉大沙漠中部，连几年都不下雨，阳光灼照，空气干燥，被称为沙漠中的沙漠。

中亚的土库曼斯坦和乌兹别克斯坦，也是多沙漠的地方，那里常常有这种情况：天空在下雨，地面上却见不到一滴雨水。这是怎么回事呢？原来，那里的空气十分干燥，好不容易云层凝雨，但雨还没有落到地面，就在半空中被蒸发掉啦！

在新疆的吐鲁番盆地，人们很难遇到一次下雨的机会。偶然下一次雨，也只能抬头欣赏，但见天空浓云低垂，有时还响几声闷雷，串连成丝的雨水往下掉，人们把手伸得高高的，想接到一点雨水，沾到一点湿气，可是雨水最终还是没有落下来。这种高空下雨、低空无雨的景象，被称为"干雨"。

南美洲秘鲁和智利沿海一带，因为有寒流和从深海涌上来的冷水流的影响，又处于高山的背风带，因此降水稀少，年平均降水量还不到 3 毫米，连年不雨也是常事。

智利是世界上最狭长的国家，高峻的安第斯山脉纵贯东部，西面濒临太平洋。尽管它离海很近，有取之不竭的水源，可是位于它北部的阿塔卡马沙漠，却是世界上最干旱的地方，被称为世界的"旱极"。

阿塔卡马沙漠附近的一个城市伊基克，濒临太平洋，曾有 10 多年没下过雨。从安第斯山流来的河流，水量也很有限，一离开山，就消失在沙漠中。人们只能从高山上背冰运雪，来供应生活用水。

为什么伊基克城近海而缺水呢？原来，阿塔卡马沙漠地区正处在副热带高气压带控制之下，沿海又有秘鲁寒流经过。由于寒流的温度较低，水汽蒸发作用弱，加上副热带高气压长年控制，盛行下沉气流，即使在海边，海面的空气也不能上升到高空，凝结成雨滴，因此成为世界上最干旱的地方。

沙漠地区由于干燥，至今人烟稀少。可是世界上也有几乎不下雨的城市。秘鲁的利马，一年平均降雨量 37 毫米，下的都是一种蒙蒙的毛毛雨。这种雨只能使大地稍稍湿润。1949 年 4 月，利马下了一次真正的雨，足足有 1 小时。人们惊慌地度过了这一次"灾难"。因为那里所有的房屋屋顶只能遮蔽太阳光，不能防雨。雨的突然降临，使许多房屋的房顶都坍塌了，墙上的灰粉被冲掉，屋子里成了"游泳池"。

世界暴雨中心

气象学上根据一定时间内的雨量多少，把降雨分为小雨、中雨、大雨、暴雨和特大暴雨。一般在 24 小时内，降雨少于 10 毫米的叫小雨，10～25 毫米的叫中雨，25～50 毫米的叫大雨，50～100 毫米的叫暴雨，超过 100 毫米的叫特大暴雨。

纵贯台湾岛中部的阿里山，海拔 2663 米，日平均最大降雨量达 1164 毫米。我国暴雨之最是在台湾地区的新寮，1967 年 10 月中旬的一天，降雨量达 1672 毫米。

1956 年 7 月 4 日下午 3 时 23 分，美国马里兰州的尤尼恩维尔大雨倾盆，一分钟降雨 31.24 毫米。这是世界上罕见的特大暴雨。

1969 年，美国弗吉尼亚州遭到飓风袭击，测到 5 小时降雨 787.4 毫米的纪录，顷刻间，江湖泛滥，一片汪洋。

西印度群岛中的瓜德罗普岛的巴尔斯特，1970 年 11 月 26 日测到一分钟的降雨达 38.1 毫米。这是世界一分钟降雨的最高纪录。

可是，世界上暴雨最大的地方，却是印度洋中的一个小岛——留尼汪岛。

留尼汪岛位于非洲马达加斯加岛以东的印度洋上，南纬 21°附近，面积 2510 平方千米。岛上地形复杂，山脉纵贯，高峰林立，最高峰叫雪山，海拔 3069 米。这里山高林密，群山苍翠，飞瀑流泻，美丽动人。

留尼汪岛是典型的海洋性气候，处在印度洋热带风暴的主要通道上，每年都会受到热带风暴的多次侵袭，降雨丰沛，主要集中在盛夏的 1～3 月。

当特大暴雨倾盆而下时，仿佛瀑布从天而降。人在暴雨中，周围是一片茫茫的水帘，几乎什么东西也看不见。山洪滚滚，江河溃决。大雨淋死小鸟，摧毁树木和房屋，淹没农田，冲走山石。

世界上最大的暴雨纪录，有许多项都是留尼汪岛保持着。创纪录的暴雨是在留尼汪岛的塞路斯地区记录到的，从 1952 年 3 月 11 日起持续 8 个昼夜。它有 4 个世界暴雨最高纪录：1 昼夜 1870 毫米（1952 年 3 月 15 日～16 日）、2 昼夜 2450 毫米（1952 年 3 月 15 日～17 日）、4 昼夜 3504 毫米（1952 年 3 月 14 日～18 日）、8 昼夜 4130 毫米（1952 年 3 月 11 日～19 日）。人们称塞路斯为"世界暴雨中心"。

1964 年 2 月 28 日，在雪山东北海拔 2000 米的比鲁夫地区（同塞路斯一山之隔），下了一场更猛烈的暴雨，9 小时降雨 1087 毫米。

为什么留尼汪岛成为暴雨之岛呢？除了前面所说的地理位置原因外，还受地形的影响。夏季，来自印度洋的热带风暴携带大量水汽，遇到高山阻挡，使气流急剧抬升，湿热的空气遇冷，就变成特大暴雨。

暴雨之岛的各地降雨量也有很大差异。雪山的迎风坡上，年平均雨量达 8233 毫米，而背风一侧，年平均雨量只有 570 毫米。

黄梅时节家家雨

我国长江中下游地区，每到春末夏初，经常乌云密布，阴雨连绵，时阴时雨的天气往往持续一个月左右。这正是江南梅子黄熟的季节，所以人们叫它"梅雨"或"黄梅天"。由于长时间的阴雨天气，缺少阳光，湿度又大，适于霉菌滋生，衣服、器具和食物等，容易受潮发霉，所以也有人叫它"霉雨"。

气象学上称它"梅雨季节"。古诗说："黄梅时节家家雨，青草池塘处处蛙。"它生动地描绘了梅雨季节的自然景象，也是一幅绘声绘色的江南初夏风情画。

梅雨到来的日期叫作入梅，结束的时候叫作出梅。从入梅到出梅的这段时间叫作梅雨期。江淮流域大致 6 月 10 日前后入梅，7 月 10 日前后出梅。

但是，各地梅雨期出现的早迟是不一样的。梅雨期以梅雨区域中部的时间最长。上海多年平均 6 月 15 日入梅，7 月 9 日出梅，长 25 天；武汉 6 月 10 日入梅，7 月 9 日出梅，长 30 天。而梅雨区域南北界附近，梅雨期的时间一般只有 20 天左右。

每年的梅雨也有差别。"春暖早黄梅，春寒迟黄梅"。每年入梅的早迟最多要相差 40 天，出梅的早迟最多相差 45 天。最长的梅雨期可长达 60 天。也有些年份，基本上没有梅雨，这叫作空梅。

为什么我国长江中下游地区会出现梅雨天气呢？原来，在梅雨期开始前后，亚洲上空的西风急流，开始大范围地向北移动，引起了大气环流的季节性转变。此时，太平洋副热带高气压带从南海、琉球群岛以南的洋面，北移到琉球群岛附近洋面和我国华南一带。这个时期，副热带高气压带西北侧的暖湿空气，常常输送到江淮流域。盘踞在我国北方的冷空气也不断南下，在长江中下游一带与暖湿气流相遇，两股气流势均力敌，各不相让，形成拉锯的局面，停留在这一带地区的上空。暖湿气流比较轻，爬到上面；干冷空气比较重，沉在下面。两股气流相交会的地方，形成锋面，暖湿气流中的水汽升高后遇冷凝结，形成了梅雨，这时天气阴雨连绵，忽晴忽雨，有时大雨倾盆。

这样经过一段时间以后，高空西风急流又一次向北移动，副热带高气压带从华南一带北移动到长江流域，这时华北一带雨季开始，江淮地区的梅雨期也就结束，进入了炎热的盛夏。

但是，每年大气环流季节性转折发生有早有迟，西风急流和副热带高气压带两次移动之间的时间间隔有长有短，因此各年梅雨期的早晚和长短就有不同了。1954 年，由于高空西风急流一直停滞在黄河中下游到日本上空，阻挡了副热带高气压再次北移，这年长江中下游梅雨期长达 60 天，出现了罕见的洪水灾害；可是，1958 年，由于副热带高气压突然变强，雨带迅速从华南移过长江，这年长江中下游梅雨期很短，出现了旱灾。

梅雨季节正是我国南方水稻栽插需水的时期，如梅雨适时适量，对插秧以及秧苗返青非常有利。如梅雨期过长或过短，梅雨量过多或过少，就可能发生洪涝或干旱灾害。

飘飘悠悠的雪花

晶莹洁白的小雪花，从天空飘飘悠悠地降落下来，一遇热就融化了，遇冷就在地面上堆积起来。

在寒冷的北方地区，飘雪的时候，雪一般有三种形态：片雪、砂雪和面雪。初冬和冬末春初，天空里飘的雪是片雪。仲冬的雪，雪片有变化，雪花又小又结实，雪在天空飞舞的时候相互碰撞，发出沙沙声。隆冬的时候，可以看到雪片很小很小的砂雪，它飘落到人脸上，像砂石打在脸上。面雪常出现在二九严寒天气，它细得像白面粉，伴随狂风飞舞，很容易钻进人的衣帽中。大雪时候，狂风往往把地上积雪卷起，形成雪浪，一束束浪花在地面上汹涌着，汇成一大片一大片的雪浪。

我国青藏高原上的高山之巅终年积雪，大小兴安岭、天山、阿尔泰山等地每年积雪的时间有半年以上，长白山山顶天池，每年积雪长达9个月。我国平原地区积雪时间最长的地方是黑龙江省最北部的漠河，每年积雪时间长达200天。

我国飘雪的日数，高山高原多，低地平原少；北方多，南方少。白头山气象站是我国东部下雪日最多的地方，每年平均要下雪142天。内蒙古自治区呼伦贝尔市的免渡河，是我国平坦地区下雪日数最多的地方，平均每年有 50 天下雪。

世界上下雪最多的地方是美国华盛顿州的雷尼尔山，1971 年 2 月 19 日至 1972 年 2 月 18 日一年中，记录到的雪后积雪，合计厚度达 31.1 米。

世界上下雪最多的城市是美国首都华盛顿，年降雪量达 1870 厘米。为什么华盛顿下雪特别多呢？原来，它东部濒临大西洋，西北部靠近五大湖，水汽充足，墨西哥湾暖流又带来丰沛的湿润空气，拉布拉多寒流南下的冷空气同湿润空气相遇，气温降低，水汽常常凝结成雪。

特大的暴风雪往往变成雪灾。1977 年 2 月，美国伊利湖旁布法鲁港下了一场大雪，把许多小轿车都掩埋了。

1979 年 1 月，欧洲遭到了一次特大暴风雪的袭击，气温突然大幅度下降，风雪弥漫，海水猛涨。英国连续下了 36 小时的大雪，全国都被白雪覆盖了。普利茅斯港的积雪有 7 米深，被迫同外界隔绝。伦敦的两个机场也因积雪太厚，飞机无法起飞而不得不关闭。德国北部大雪不停地飘了 80 个小时，有的地方积雪 3 米多深，许多汽车陷在雪中没法开动。

特大的冰雪常常给人们带来很多困难，可是适量的降雪也有它的功劳呢！刚落下来的雪，间隙里充满了空气，覆盖在大地上，好像是一条巨大的毯子，保护着越冬作物不被冻死。等到春暖花开时，冰雪融化，大地喝足了水，庄稼就长得更茂盛啦。"瑞雪兆丰年"，就是这个道理。

从天而降的冰雹

在春末和夏季，有时天空中会降下一阵阵的冰粒。常见的冰粒小的如黄豆，大的像鸡蛋，有的竟有碗口大小，多数呈球状，这些大大小小的冰粒就是冰雹。

冰雹出现的范围一般都较小，"雹打一条线"，而且下雹时间也很短。可是，冰雹来势猛，强度大，并且常伴随着狂风暴雨。较大的冰雹使局部地区的庄稼遭受灾害，甚至颗粒无收。它还会毁坏房屋，伤害人畜，因此，冰雹是一种灾害性天气。

1961 年 4 月 7 日，一艘船停在卡塔尔某港口。下午忽然乌云遮日，狂风大作，一场冰雹从空中降下。冰雹下得很密，茫茫一片。有的冰雹颗粒很大，直径足足有 10 厘米。冰雹落在海上，溅起一团团白色的水花。冰雹过后，船员们走出船舱，发现罗盘盖受冰雹打击，留下了 2 厘米深的凹痕。

1968 年 3 月，印度比哈尔邦下了一场冰雹，最重的一块冰粒达 1 千克，将一头小牛当场砸死。

1970 年 9 月 3 日，在美国得克萨斯州科菲维尔下的冰雹中，最大的一块直径达 44 厘米，打破了历史纪录。

1988 年 7 月 13 日，我国山西省静乐县康家会镇刘西村突降冰雹，1 小时后，地面冰雹覆盖厚度达到 30 厘米，1100 亩农作物被毁，打死打伤羊 500 余只。

冰雹给人类造成巨大的损失，那么，这从天而降的冰雹是如何形成的呢？

夏季，阳光强烈，蒸发旺盛，大量带水汽的空气急速地上升，到了高空，气温下降，热空气中的水汽遇冷就会凝结成小水滴，再冻结成小冰晶。小冰晶下落时，一路碰上小水滴，水滴发生由液态向固态的变化，使冰晶越变越大。新的热气流不断上升，又把较大的冰晶带回高空。就这样，冰晶上下翻腾，不断跟小水滴相碰，就裹上了层层冰外衣。最后，冰晶的体积由小变大，重量由轻变重，达到了一定程度时，上升气流无法托住冰晶，这些冰晶就降落到地上成为冰雹。

冬天，空气的垂直对流运动不像夏天那样强烈，上升气流很弱，因此很少下冰雹。

冰雹是可以预测的，也可以用人工来消雹。原来，下冰雹前，天空里会出现冰雹云，它同雷雨云有点相似，不同的是冰雹云的顶是蓝白色，云底是暗红色。冰雹云中的闪电一般为横闪，当冰雹云移到当顶时，又变为落地闪，打雷时仿佛推磨声。这是下冰雹的征兆。现在，对冰雹云的探测，已从目测发展到利用雷达、无线电等先进技术，冰雹预报技术不断提高。人工防雹也从土炮、土火箭消雹，发展到用塑料火箭和高射炮把冰雹驱散。如用飞机飞到冰雹云上空，撒下干冰或碘化银，把冰水滴吸收或变成很小的冰晶，使冰雹难以形成。

当寒潮袭来的时候

1812 年 6 月 23 日，拿破仑率兵 60 万进攻俄国，9 月 14 日到达莫斯科城郊，想与俄军决战。俄军回避与拿破仑正面交战，坚壁清野后撤出莫斯科。当拿破仑率众多将士进城时，发现只是一座空城。这一年的寒潮天气又提前到来，寒风怒号，大雪漫天，法国士兵大量被冻死。拿破仑后来不得不撤军。俄军此时乘机追击，法军伤亡惨重。当俄军追到尼门河时，法军只剩 1600 人。寒潮天气帮助俄军打败了拿破仑。

希特勒于 1941 年进攻苏联时，也发生了类似的情况。希特勒于 11 月 3 日逼近莫斯科，此时莫斯科气温已是 -8℃了。到了 12 月初，一场强寒潮又使气温降至 -20℃。德军士兵无御寒衣服，冻伤严重。汽油因低温凝固，坦克、汽车运转困难。苏联红军利用这严寒天气，于 12 月 6 日发动反击，一举取得了胜利。强寒潮天气又在战争中发挥了作用。

冬春季节，寒潮会对农业生产造成危害。安徽淮北地区 1977 年 10 月播种的 110 万亩小麦，入冬前因气温较高，生长较旺，入冬时拔节，1978 年 1 月中旬一次强寒潮，使刚拔节的小麦全部冻死。1977 年春季，湖南因寒潮柑橘受冻害，产量仅为上一年的 29%。

1972 年春节我国发生三次强寒潮，湖南省 100 多万亩粮油作物，基本上颗粒无收。

寒潮常伴有大风和暴雪，这给畜牧业带来严重的危害。寒潮来时，牧区的牧草全被雪深埋。牲畜若无干草供应，就会冻死、饿死。牛马在暴风雪中有迷路的，有冻死的，有掉进河里淹死的，也有相互践踏而死的。内蒙古锡林郭勒盟 1981 年 5 月 10 日至 11 日，出现寒潮暴风雪天气，有 72 万头牲畜遭灾。

寒潮也会给交通运输带来严重影响。暴风雪会使路面被冰雪覆盖，汽车不得不减速行驶，甚至根本不能行驶。一些高速公路出于安全考虑，也不得不暂时关闭。强风还威胁海上作业的渔船。

影响我国的寒潮是怎样形成的呢？

冬季，在蒙古国和西伯利亚一带，由于纬度较高，获得的太阳光热较少，加上该地区位于亚欧大陆的内陆，冬季陆地散热快，故在近地面大气层形成了势力强大的冷气团。这个冷气团爆发后，向东南方向袭来，影响我国广大地区。寒潮的移动速度比较快，在几天时间里，就会从我国北部边境越过黄河，跨过长江，到达我国南方广大地区。

一个地方在寒潮袭来之前，往往会出现短暂的暖热天气。例如，1916 年 1 月 21 日，上海白天最高气温高达 19.9℃。到了 24 日凌晨，气温降至 -10.6℃，降温幅度超过 30℃。因此，在寒潮到来的几天里，人们一定要注意添衣保暖。有哮喘、心血管系统疾病者，更要预防严寒对身体的刺激。

台风的巨大威力

1944 年，第二次世界大战期间，美国第三舰队在海上突然遇到台风。狂风巨浪使 146 架飞机被毁，800 多人丧命。

1959 年 9 月，袭击日本沿海的 15 号台风，在伊势湾引起了 3.5 米的增水，使高潮水位达到 7 米，造成 7.5 万人死亡和失踪，35 万平方千米的土地受淹，经济损失高达 825 亿日元。狂风挟带着巨浪将名古屋沿海一艘 7 千吨货船推上海滩，还摧毁了数千栋房屋。

台风带来的狂风，可倾覆海上船只，摧毁地面房屋建筑，吹倒大树，毁坏农作物；台风带来的暴雨，会造成山洪暴发和洪涝灾害，淹没农田，冲垮水库，毁坏道路，中断交通，伤害人畜；台风带来的海上风暴潮，会引起海面水位异常涌升，可在短时间内淹没海滩，甚至冲垮海堤，引发海水倒灌。可见，台风会给人类造成巨大的财产损失和严重的人员伤亡。

其实，台风是一种在热带海洋上强烈发展的热带气旋，发生在西北太平洋和南海海面的热带气旋，中心风力达 12 级以上的，叫作台风。

有些海域离赤道较近，获得太阳光热多，海水温度比较高，蒸发出大量水汽。当又热又湿的空气大规模上升的时候，四周的空气

101

就会迅速流来补充。由于地球自转的影响，北半球的气流向右偏转，结果就在洋面上空形成一个反时钟方向的空气旋涡，叫作气旋。如果这种过程不断重复，就会形成更加强大的气旋，旋转速度变快，范围不断扩大，当它的中心附近的风力达到 12 级以上的时候，气旋就发展为台风了。

台风的范围相当大，其直径大多为 600 千米至 1000 千米，高度一般在 9 千米以上，中心附近的风速大于 33 米/秒。台风的中心叫台风眼，半径 5 千米至 30 千米，其内云消雨停，风平浪静。台风眼的外围，大范围的湿热空气快速旋转上升，水汽发生冷却凝结，形成一个狂风暴雨区。在狂风暴雨区外围，受到外围气流和积雨云的影响，也会出现大风阴雨天气。

台风生成后，自己一面旋转，一面移动。我国南起北部湾，北到辽东半岛的沿海地区以及朝鲜半岛、日本群岛等地，都会受到台风的影响。

2006 年 8 月 10 日，超强台风"桑美"在浙江省苍南登陆后，横扫浙江、福建、江西和湖南四省，中心附近最大风力 17 级，瞬间最大风力达 19 级，最大风速 68 米/秒，沿海掀起 10 米高的滔天巨浪。台风"桑美"造成浙江、福建两省受灾人口 388.1 万人，紧急转移安置 171.1 万人，死亡 104 人，失踪 190 人，沉船 1400 多艘，损坏船只 4500 多艘，倒塌房屋 9 万多间，损坏房屋 28 万多间，一些村庄几乎全被推倒，一片狼藉。台风还造成许多地方大面积停电，交通中断，水利设施被毁，因灾总直接经济损失 195 亿元。

台风有害也有利，台风带来的大风和降雨，对我国南方地区尤其是长江中下游地区的伏旱和暑热，有缓解作用。

风暴之神飓风

飓风，这个名字是根据古代印第安人的雷神来命名的，意思是"风暴之神"。

飓风和台风一样，都是在热带海洋上强烈发展的热带气旋，发生在北大西洋和东太平洋上的，称为飓风。

飓风最早孕育时，只是热带海洋上空的一股低气压。大量暖湿空气向那里汇流聚集，不断上升，冷却凝结成云和雨，释放出大量的热能，使这股气流升得更快，新的空气不断聚集在风暴中心，它变成速度更猛烈的风。

飓风的直径一般为800千米至1100千米，飓风的中心是"风眼"，半径5千米到30千米，为平静区。"风眼"四周，包围着一圈浓密的云，飓风带来的滂沱大雨就是从这一圈密云中降下的。

在大西洋上，从百慕大群岛一直到亚速尔群岛，常常有一个椭圆形的高压脊，像一座山似的挡住飓风的去路，飓风只好向西行进，侵袭西印度群岛、加勒比海沿岸和美国东海岸一带。

飓风吹到海岸时，隆隆雷声响成一片，狂风卷起滔天巨浪，猛烈地扑打过来，冲走了房屋、船只、树林，也卷去了仓皇逃生的人。飓风所到之处大雨倾盆，洪水泛滥，陆地尽成泽国。

1641 年，飓风曾将一艘大船抛到高出潮面 3 米多的悬岸上。1780 年 9 月，飓风袭击巴巴多斯岛时，这个岛上的城市、乡村被夷为平地，破坏了石堡，并把重炮刮到几十米以外。在圣卢西亚岛停泊的大船，被掀落到一所市立医院里，40 多艘舰船葬身海底。

1935 年 9 月，飓风把美国佛罗里达一列火车抛出了路轨，把一艘轮船抛到岸上。

1938 年 9 月，美国东北部长岛和新英格兰遭到飓风袭击，风速每小时近 200 千米，连续 4 天倾盆大雨，10 多米高的巨浪卷走了一座 60 米高的无线电铁塔，普罗维登斯海上浪高 30 多米。

1980 年 8 月 3 日，"艾伦"飓风从巴巴多斯开始，向北和西北方向移动，直抵大安的列斯群岛，一周内横扫了圣文森特、圣卢西亚、马提尼亚、海地、牙买加、古巴和开曼等 10 多个岛屿。然后经过尤卡坦海峡进入墨西哥湾，最后在美国南部登陆。

"艾伦"飓风以 270 千米的时速席卷上述地区，风头宽 600 千米。狂风伴随着暴雨，来势凶猛。许多香蕉园被摧毁，棕榈树被连根拔起，电力供应和通信联系中断。飓风经过海洋时，汹涌的海浪冲毁了沿海城镇，不时把居民卷入大海。这次飓风共摧毁了 10 万多所住房。海地在这次飓风中死亡人数最多，达 450 人。"艾伦"飓风在美国得克萨斯州登陆，将一艘载有 1200 万吨原油的邮轮，从布朗斯维尔港卷走，刮到一个荒岛沿岸的浅滩上。

气象海啸风暴潮

热带海洋上有一种风暴，它吹越海面，当风速达到每小时120多千米时，可以掀起10多米高的巨浪。这种风暴，在亚洲东部的中国和日本，叫作台风；在北美洲东部和南亚，叫作飓风。

这种风暴推进到海岸边，如果再同海洋中的潮汐相配合，会引起异常高潮出现，叠起一片浪墙，伴有巨大的拍岸浪，加剧海堤的溃毁。它汹涌上岸后，席卷一切，使沿岸地区满目疮痍。

风暴潮的灾害几乎遍及世界上各个沿海地区，它分布范围之广、危害之大，同地震海啸相似，因此被称为"气象海啸"或"风暴海啸"。

世界上最大的一次风暴潮灾害，发生于1970年11月12日，在孟加拉湾一带的喇叭状海岸，地低人稠的海滨地带，遭到风浪席卷。吉大港遭到严重的损失，哈提亚岛屿被海水淹没了，变成一片汪洋，100多万人无家可归，30万人失去了生命，28万头牲畜被淹死。

孟加拉国是世界上风暴潮灾害最多的地区，这是为什么呢？原来，印度洋和孟加拉湾是热带气旋孕育的地方。热带气旋常常伴随着天文潮一起来到孟加拉湾，海水汹涌进入恒河的喇叭状海岸，风急浪高，一层叠加一层，涌浪很高，排山倒海似的冲向吉大港，顿时使陆地成了泽国，造成巨大的灾害。

1979 年 5 月 15 日的一次大风暴潮造成印度东海岸地区死亡 500 多人，淹死牲畜 10 万头，15 万所房屋和茅舍被毁。

1980 年 10 月，美国沿海的大西洋刮起了惊人的飓风。风将海洋搅得天翻地覆，白浪滔天，浪头有时高达 50 米。巨浪猛烈冲击海岸，摧毁了房屋，拔起了大树。停靠在圣卢西亚岛附近的一个美国船队整个被淹没了。巨浪把船队中的一艘船抛到天空，砸到岸边医院的大楼上。在马提尼克岛附近，40 多艘法国运输船遇难。巴巴多斯岛的居民点被一扫而光，倒塌的房屋被刮进了海洋。这次飓风使 400 多艘船只在港口和外海中葬身海底，使几万人丧生。

1953 年 2 月 1 日，在欧洲北海沿岸发生大范围的温带气旋风暴潮，仅荷兰一地，由于海边大堤多处决口，淹水面积数万平方千米，死亡 2000 多人，60 万人无家可归。

1974 年 1 月初，冰岛气旋结合大潮，在英国西部和爱尔兰南部又一次掀起了特大风暴潮，海水冲决堤坝，破坏码头，摧毁船只，造成巨大的经济损失。

除了气旋是风暴潮产生的原因外，高潮期重合，海岸的形状和海域的水深，对风暴潮增水的幅度也有影响。一般来说，大陆架浅海加快了风暴潮的发展，而喇叭口形的海湾，更是加剧了风暴潮的汹涌澎湃。

龙卷风的破坏力

在炎热的夏季，有时会出现一种奇特的自然现象：浓云密布的天空中，突然伸出一条黑色的尾巴。它像一条长而窄的漏斗，又像从天空中挂下的一条象鼻，上大下小，在空中游动。刹那间，地面上的沙石、尘土和多种物体，都被席卷到半空，飞舞漂移，它甚至能拔起大树，掀掉房屋，把汽车、油桶、烟囱、锅炉搬走。有时，它伸向水面或海上，吸起巨大的水柱，将水连同鱼虾一起卷上天空，吹向远方，造成"鱼雨"等奇观。可是，在几分钟后，它又游移到别处，消失得无影无踪，地面上又恢复了平静。

古代，人们对这种神秘的自然现象无法解释，都把它说成是"龙"，叫它"龙吸水""龙摆尾"等，气象学上叫它龙卷风。

龙卷风的外形奇特多变，轮廓分明，破坏力十分惊人。

1956 年 9 月 24 日，上海遭到一次龙卷风袭击，狂风过处，竟将浦东江边的一个三四层楼高、重 110 吨的储油桶抛到 15 米高的空中，而后落在 120 米远的地方。龙卷风还把一座 3 层教师大楼吹坍，将一座钢筋水泥大楼削去一角。

1966 年 3 月 2 日，江苏省盐城地区发生了一次强龙卷风，把盐城磷肥厂一个重 6.5 吨的大容器从几十米高的新洋河北岸吸起来，扔到南岸去了。

1970年5月27日，龙卷风光顾了湖南沣县，途经丰水时，将江水卷起形成了30米高的水柱，使丰水河底暴露。

1879年5月30日，美国堪萨斯北方上空形成一股旋风，它将一座新造的75米长的铁路桥上的铁轨从桥墩上拔起，并扭了几扭，抛进江中。

1904年夏天，俄国莫斯科东南方向云层下突然伸出一条大"象鼻"，它所过之处，屋顶被掀掉在空中飞旋，一棵百年大树旋向空中，母牛也腾空而起。一个俄国士兵被吸进旋涡中心，转瞬间衣服被剥个精光，赤条条地摔了下来。

1986年2月5日，美国休斯敦胡克斯机场遭到龙卷风袭击，300架飞机被毁，有的飞机被卷入附近的湖泊中。

龙卷风是怎样形成的呢？龙卷风大都发生在大陆沿海一带和海岛上。在强烈阳光的照射下，由于地表受热不均匀，引起空气上下强烈对流。如果上升的空气中含水汽较多，到高空往往发展成雷雨云，这种云的顶部和底层，温差很大，云底在10℃以上，云顶在-30℃以下。这样，在雷雨云中，冷空气急速下降，热空气猛烈上升，上下层空气扰动，形成许多小旋涡，逐渐旋转扩大，最后形成一个漏斗状的、迅速旋转的龙卷风。如果地面上是一个低气压区，四周的空气辐合上升，为龙卷风增添动力，它就变得更加强大了。

通常，龙卷风发生在炎热的夏天，往往伴随着强烈的雷雨云。龙卷风也可能发生在冷暖空气频繁交错的春秋季节。龙卷风直径不过几十米到几百米，风速每秒可达几十米到100米，最大的可达200米，而12级台风的风速也不过每秒33米。

一山有四季，十里不同天

　　在地处云南、四川和西藏交界的横断山区，山间的河谷地带，夏季十分炎热，有时候连风吹来也是热烘烘的。若在江边漫步，可以见到江水奔流而过，江边有一片片甘蔗田。沿着"之"字形的小道爬山，便渐渐有远离酷热的感觉。再往上爬，则会有凉风习习之感。在一些干坝地区，可以见到一片片绿油油的水稻田。若继续爬山，不知不觉中，又可见到另一番景象：这里的土地上，生长着土豆和荞麦。此时，若停下来休息片刻，会感到一阵寒气袭来。再往上爬，就可见到白雪皑皑的雪山和冰川了。

　　上述登山中所见到的不同景象，就如人们所说的，"一山有四季，十里不同天"。

　　原来，在同一个山区，气温一般都是随着海拔高度的增加而逐渐降低，平均每升高 1000 米气温降低 6℃ 左右，山顶、山腰总是要比山脚下冷得多。例如，海拔 1164 米的庐山气象台，在最热的 7 月里，平均气温只有 22.6℃，气候宜人。可是，山脚下的九江，7 月盛夏时节，平均气温高达 29.3℃。从山脚来到山顶，人们仿佛进入另一个世界：金风送爽，丹枫叶红。因此，庐山成了避暑胜地。

　　山高了，四季也有不同变化。山高冬来早，山高入春迟，山高夏更短，山高秋先到。"人间四月芳菲尽，山寺桃花始盛开。常恨春归无觅处，不知转入此中来。"这真实地反映了山区迟来的春天。比起平原来，山区冬长而夏短。

那么，为什么会出现这种现象呢？

这要从地球表面的大气层说起。地球表面大气层中的水汽和二氧化碳，能够强烈吸收地面长波辐射所散发出的热量，而且吸热后大气又把其中一部分热量通过热辐射的形式返还给地面。因此，大气对地面有保温作用。在平原地区，近地面大气比较稠密，空气中水汽和二氧化碳一般也比高原高山地区要多，而水汽和二氧化碳能强烈吸收地面长波辐射使大气增温，故平原地区上空的大气层保温作用比较强。而在高原高山地区上空，空气比较稀薄，空气中能够吸收地面长波辐射的物质比较少，尤其是缺少能够强烈吸收地面长波辐射的水汽和二氧化碳，故地面的热量大量散发，降温较快。

从山谷到山顶的一路上，降水的情况也往往有变化。在迎风的山坡上，山脚往往降水不多。但若此处山高坡大，那么，到了一定的高度，由于水汽沿山坡上升，气温下降发生凝结而成云致雨，故降水较多。在气象学上，把这种降水称为地形雨。再往上，则可能由于空气中的水汽大部分已凝结成雨降到地面，空气中水汽含量不多，降雨也就不多了。可见，在山高谷深的地方，山谷、山坡、山顶的气温不同，降水也往往有变化。

北极岛屿的消失

在北极地区，近百年来，一些神秘的岛屿突然消失了。

1739 年，俄国北极探险家拉普帖夫在白令海峡发现了迪奥米达岛。后来，它突然消失了。

亚洲北部新西伯利亚群岛附近，有个西蒙诺夫斯基岛，1823 年时，长达 15 千米，如今只剩下不到 1 千米的长度了。有个利亚霍夫群岛，也正在神秘地缩小。看来，它们迟早也会面临消失的厄运。

俄罗斯的水文地理考察队证实，位于新西伯利亚群岛附近的菲古里纳岛，也已经消失了。

经过调查分析，原来这些岛屿都位于亚洲北部北冰洋宽广的大陆架上，表面看起来，仿佛是一群同大陆有关的实实在在的陆块。其实不是这样，这些岛屿的底部都是由巨大的冰座构成的。

这些岛屿的边缘受到海水的冲击，特别是勒拿河大量温暖河水的冲刷，很自然地，就慢慢地被冲毁了。同时，这些海上的冰座，在阳光的长期作用下，不断融化，加速了岛的消失。

近年的勘探证明，利亚霍夫群岛的地层是由页岩和砂岩构成，岛屿的低处是沼泽地和苔原，高处为丘陵，最高点海拔 270 米。而它的底层是冰块而不是岩层。原来，在几十万年到 100 万年前的第四纪，大量沉积物覆盖了北冰洋的冰盖，一层一层的泥沙石头将冰压得严严实实，在漫长的岁月中，沉积层越积越厚，以至形成坚硬的页岩和砂岩。地壳几经升降，冰上岩层露出海面为岛。如果地球的气候相对稳定或趋向寒冷，利亚霍夫群岛就会坚如磐石。

可是，事实却不是这样，北极地区气候正在变暖，不断威胁着这些岛屿的存在。俄罗斯的北极考察人员对北冰洋一个海域进行观察，发现被冰覆盖的海区面积近百年来缩小了 100 万平方千米，而北冰洋的海平面却上升了 11 厘米。如果今后气候继续变暖下去，利亚霍夫群岛将会塌陷于大洋之中。

北冰洋上至今还有一些似是而非的"岛屿"，那上面也有泥沙石头，甚至长出了苔藓，但它们是巨大的浮冰或冰山，正在漂浮之中。可以说，这些岛屿是利亚霍夫群岛史前的影子。

近百年来，由于世界人口的剧增和工业化的发展，人类社会消耗的煤炭、石油和天然气等化石燃料急剧增加，化石燃料燃烧产生的大量的二氧化碳进入大气。另一方面，人们为了获得耕地，大量砍伐森林，破坏植被。森林和植被的减少，意味着绿色植物光合作用吸收二氧化碳的减少。而且，植物从枯死或被砍伐的那一天起，不但不再吸收二氧化碳，反而成为释放二氧化碳的源头，因为它们被加工成木材、纸张或燃烧或腐烂时，都会释放出二氧化碳。结果，大气中二氧化碳含量越来越高。由于二氧化碳的温室效应，地球的气温也逐渐升高。

随着全球气候变暖，北冰洋中一些靠巨大冰座托起的岛屿，其底部的冰将会加速消融，这些岛屿也就会随之消失。

第四章 百川归海

定期泛滥的尼罗河

尼罗河是人类文化发祥地之一，它哺育古代埃及人民创造了灿烂的文化。

尼罗河全长 6600 多千米，是世界上第一长河。尼罗河有两条河源：白尼罗河和青尼罗河。

白尼罗河发源于布隆迪的卡格腊河，注入维多利亚湖，再从湖的北部流出，经过基奥加湖西流入蒙博托湖，最后向北流，汇合阿苏瓦河，才叫白尼罗河。

白尼罗河从河源到苏丹的朱巴，流经东非高原，沿途是热带雨林气候和热带草原气候，水量丰富，水流浩荡。从朱巴到喀土穆以下的沙普鲁加峡，先流经宽达 400 千米的沼泽平原，由于地势平坦，沼泽遍布，水生植物壅塞，河水分岔漫流。在枯水时期，尼罗河下游的水量主要依靠它供应。

青尼罗河从埃塞俄比亚高原流出，由于流经热带草原气候区，干湿季明显，水量变化很大。湿季时，降水丰沛，河水猛增，夹带着大量泥沙涌进尼罗河；干季时，降水稀少，水量大减，尼罗河的水位就变低了。

白尼罗河和青尼罗河在喀土穆汇合后，往北流经苏丹、埃及的广阔土地，最后注入地中海。站在青、白尼罗河的汇合处，映入眼帘的是一幅美丽的图画。这里河面宽广，水流平缓，无数羽色斑斓的鸟儿在空中飞翔，鳞光闪闪的鱼儿不时跃出水面，河中横卧着小岛，岛上鲜花盛开，绿草如茵，挺拔的枣椰树直指苍穹。最使人惊讶的是青、白尼罗河汇合后，仍然保持着各自的水色，同一河道中，一左一右流淌着两股不同颜色的水，一直流到很远的看不见的地方，才逐渐融合为一。

从沙普鲁加峡到埃及的阿斯旺，尼罗河水流湍急，有6道瀑布，水力资源丰富。从阿斯旺到尼罗河入海口的1100多千米间，河面宽广，水流平缓，泥沙大量淤积。每一个世纪，河床平均要增高16厘米，在河口冲积成著名的尼罗河三角洲，面积达2万多平方千米。

尼罗河是世界最长的河流，可是年平均流量只有2000立方米/秒，这主要是由于尼罗河支流较少，一路上河水因灌溉蒸发而减少了。尼罗河流量季节变化大，每年2～5月，是枯水期，河水清澈。7月以后，青尼罗河水量剧增，浊流奔腾，大量泥沙泻入尼罗河，河水呈红褐色。两流汇合后，涡流急旋，水声澎湃，下游河道一时容纳不下，溢出河岸，造成泛滥，给河流两岸和三角洲淤积了一层沃土。11月后，水位逐渐下降，河水又慢慢地变得清澈了。

埃及人民掌握了尼罗河定期泛滥的规律，在谷地和三角洲的肥沃土地上，运用了围堰造地、筑堤防洪、引水灌溉等技术，创造了一条农业繁盛的绿色走廊。

现在，埃及修建了阿斯旺水坝，苏丹修建了阿特巴拉水坝、鲁赛里斯水坝，用来调节尼罗河水，发展农田水利灌溉。为了开发尼罗河，埃及曾建议在上游修建大水库，提高维多利亚湖的水位，这样就能增加尼罗河枯水期的水量，以满足下游广大地区的需要。

河流之王亚马孙河

亚马孙河是世界上流域面积最广、流量最大的河流，被称为"河流之王"。

亚马孙河全长6400多千米，是世界上第二长河。它的上游乌卡亚利河发源于安第斯山脉的米斯米山，海拔约5400米。从源头而下还不到500千米，河道下降了4000米，河流奔腾在高山深谷之中，河道之陡，水流之急，令人惊心动魄。

乌卡亚利河同另一支流马拉尼翁河，在伊基托斯汇合成亚马孙河，从此，不再有急流瀑布了。从这里向下，天空一片蔚蓝，红褐色的河水在阳光下闪耀。两岸大树高达几十米，苍翠欲滴。

在亚马孙河众多支流中，内格罗河是最有名的一条。每当雨季来临，内格罗河开始泛滥，淹没大片森林。内格罗河下游有一段河床，有380个岛屿，是世界上最大的河上群岛。河水泛滥时，有200个岛屿被大水吞没，树木被浸泡在水中，一些陆上动物有树栖的特点。这里是毒蛇、巨蟒的天地。

当内格罗河汇入亚马孙河后，亚马孙河河道渐宽，达3千米。兴古河流入亚马孙河后，亚马孙河就更加波澜壮阔，一望无际，宽5～20千米，深70～100米。到了河口三角洲，分成几十条水道，河水最后浩浩荡荡，泻入大西洋。

亚马孙河的支流有 200 多条，流域面积约 700 万平方千米，主要支流几乎全部可以通航。洪水时期，干流的可航范围从大西洋到安第斯山东麓，3000 吨海轮可以上溯到秘鲁的伊基托斯，7000 吨海轮可达玛瑙斯。

亚马孙河流经的地区大都是赤道雨林带，年降水量大，因此亚马孙河水量特别丰富，入海水量全年达 3800 ~ 4700 立方千米，相当于刚果河流量的 3 倍，占全世界河流总水量的 1/9。

亚马孙河的河口是个喇叭形，河面宽阔，最宽的地方有 80 千米。河道低平，有时海潮呼啸着溯流而上，掀起 5 米高的巨浪，汹涌澎湃，景色壮观。海潮阻挡着河水的去路，使水位不断抬升，常常漫过河岸，在平原泛滥。这时候，亚马孙河更加一望无际，像大海那样水天相连了。

亚马孙河两岸是茂密的热带丛林，一望无边，宛如绿色的海洋，大小河流成了丛林中的狭道。河里生活着 2000 多种鱼类，有一种名叫皮拉尼亚的河鱼，长着可怕的獠牙，成群结队地在河里袭击人畜。更可怕的是名叫坎迪拉的小鱼，长不过 5 ~ 7 厘米，只要人一下水，它就会寻味而来，从肛门钻进人体。河里还栖息着海牛、海豚、巨龟和眼镜鳄等。河里有长 4 米、重 200 千克的大淡水鱼，有形似水蛇、长 2 米的电鳗。

但是富饶的亚马孙河流域没有得到充分开发，这里人口稀少，没有铁路，公路很少，人们生活的场地主要是船。住宅、商店和学校都设在船上。在陆地上较高的地方，才有稀疏的村落分布。现在，流域内的 8 个国家制订了合理开发流域的自然资源的计划，正在建设公路网、飞机场、水电站、农牧场和城镇。

不尽长江滚滚流

长江，像一条银光闪闪的玉带，蜿蜒在祖国秀丽的大地上。

长江发源于青藏高原上的唐古拉山主峰各拉丹冬雪山，它从青藏高原奔流南下，又曲折东流，一泻千里，最后流入浩瀚无垠的东海，全长 6300 千米，是我国最长的河流，也是世界第三长河。

长江在宜宾以上的一段叫金沙江，江水奔腾在高山峡谷间，长约 3500 千米，落差达 5000 米，水流湍急，水力资源丰富。从宜宾到宜昌一段，坡度虽然减小，但峡谷很多，水量大增。从奉节到宜昌这段，长江奔流于大峡谷间，两岸高峡对峙，江面曲折狭窄，滩礁广布，激流汹涌，这就是驰名世界的长江三峡。"朝辞白帝彩云间，千里江陵一日还。两岸猿声啼不住，轻舟已过万重山。"李白的这首诗是长江三峡壮丽景色的写照。

过了三峡，长江东流进入辽阔的平原，湖泊棋布，众水汇入，江面宽阔，水量不断增加，江水更加浩浩荡荡。最后，它流入长江三角洲注入海洋。这段航程中的景色，正如李白诗所描写的，"孤帆远影碧空尽，唯见长江天际流"。

长江还是我国流域面积最广、流量最大的河流，它拥有 700 多条支流，其中岷江、嘉陵江、乌江、沅江、湘江、汉江和赣江等 7

条主要支流的年水流量，都超过了黄河。长江平均每年注入海洋的总水量达 1000 立方千米，占我国河流年径流量的 1/3；长江流域的面积达 180 万平方千米，占我国陆地面积近 1/5。

长江的干支流蕴藏着极其丰富的水力资源，占我国水能总蕴藏量的 40%，相当于美国、加拿大和日本的水能蕴藏量的总和。长江干流横贯东西，中下游江面宽阔，水流平缓，终年不冻，利于航运。长江干支流通航里程长 8 万千米，形成一个纵横广阔的水运网。它的水运量占全国内河水运总量的 60% 以上。如此优越的天然航道，在世界大河中也是不多见的，所以人们把长江誉为"黄金水道"。

长江流域内有丰富的矿产资源和森林资源。长江流域大部分处于亚热带地区，气候温暖湿润，热量充足，降水丰沛；平原面积广大，沃野千里，拥有 4 亿多亩耕地，占我国耕地面积的 1/4，是我国重要的粮食和棉花产地。长江流域居住着约 4 亿人口，农产丰富，工商业发达，城市众多，是我国经济较发达的地带。

新中国成立以来，在长江干支流上建起了许多座水电站，并在干流上建成了当今世界上最大的水利枢纽工程——三峡水利枢纽工程。这项工程主要由拦江大坝和水库、发电站、通航设施等组成。三峡水库可以有效地控制长江上游暴雨形成的洪水，防治中下游的洪涝灾害；三峡水电站是目前世界上规模最大的水电站，对于缓解华中、华东地区能源供应紧张状况有重要意义；三峡工程可以从根本上改善川江段的航运条件，促进东西部的物资流通。三峡工程还将在中下游城市供水、农业灌溉，以及库区旅游、水产养殖等方面，发挥巨大的综合效益。

众水之父密西西比河

　　"密西西比"是印第安语，意思是"众水之父"。密西西比河贯穿美国南北，它发源于美国北部伊塔斯卡湖的沼泽地带，曲折南流，一路上接纳了密苏里河、俄亥俄河、伊利诺伊河、阿肯色河等许多支流。

　　密苏里河是河源最远、流程最长的一条支流。它从美国西北部黄石公园一带的高山雪场发源，从西向东流，到圣路易斯与密西西比河汇合，又从这里折向南流，最后经新奥尔良市注入墨西哥湾。如果从密苏里河的河源算起，密西西比河全长6262千米，是美国最长的河流，也是世界上第四长河。密西西比河的流域面积为322万平方千米，占美国国土面积的34%，比我国长江的流域面积还要大140多万平方千米。

　　密西西比河东岸的支流以俄亥俄河最为重要。它发源于阿巴拉契亚山脉西坡，流经区域降水十分丰富，因此河流流量很大，是密西西比河水量最大的支流。俄亥俄河的支流田纳西河，河道落差很大，蕴藏丰富的水力资源。

　　密西西比河支流众多，流域面积广，水量相当丰富，全年入海水量达593立方千米。下游河流水位的季节变化很大，春季水位高涨，流量高达51000立方米/秒，秋季水位急剧降低，流量只有1400立方米/秒。

密西西比河不知疲倦永不停息地流泻着，经历了漫长的岁月。那奔流的河水，辽阔的沃野，碧绿的草地，茂密的森林……印第安人曾经是这片富饶土地的唯一主人。

16世纪以来，欧洲人越过大西洋进入美洲大陆。后来，大批欧洲移民蜂拥来到密西西比河流域，把印第安人赶到"保留地"去，大片的肥沃土地成了他们的"领地"。为了建立田园，连绵森林被砍伐掉，大片草地被烧去，在辽阔的土地上大肆垦荒。18世纪以后，密西西比河流域被进一步开发，原始森林和草原遭到严重破坏，水土大量流失，洪涝灾害频发。

最近几十年来，密西西比河流域经过大规模整治，植树造林，保持水土，修建大、中型水库，从防洪、灌溉、航运等方面综合治理，已经改变了面貌，形成了江河湖海相连、航道四通八达、世界上内河航运最发达的现代化水运网。

从密西西比河的圣路易斯城向北经伊利诺伊河接通五大湖，再经过圣劳伦斯河可达大西洋。向南出河口通往墨西哥湾。密西西比河成了美国内河交通的大动脉。在广阔的河面上，现代化的分节驳顶推船队往来不绝，运输了整个流域的绝大部分的原料和商品。两岸城市众多，人口稠密，经济繁荣。

水成泥流的黄河

黄河是中华民族的母亲河，它为中华文明的发展做出了巨大的贡献。

黄河发源于青藏高原巴颜喀拉山的北麓，曲折东流，沿途接纳许多支流，经过 5500 千米的路程，流入渤海，是我国第二长河。黄河干流从上游到下游的流向，就像一个巨大的"几"字形。全流域面积约 75 万平方千米。

黄河上游穿行在青海草原地区的时候，水量不大，大多在峡谷中流动。黄河汇合湟水和洮河以后，水量大增，河水因泥沙多而变浑。进入宁夏平原、河套平原后，泥沙有所沉积。

从河口镇到孟津之间，是黄河的中游。黄河穿行在黄土高原的峡谷中，接纳了汾河、渭河等数十条支流，水量剧增，急流滚滚，沿途冲刷疏松的黄土，使河水变成直泻狂奔的"泥流"，几十里外也能听到黄河咆哮。

黄河是世界上含沙量最大的河流。根据河南陕县水文站观测资料，黄河河水含沙量平均每立方米达 37 千克，暴雨时每立方米达 650 千克。过去流传的"一碗水，半碗泥"的说法，形象地反映了黄河含沙量之大。

　　黄河从孟津以下为下游，流经华北平原地区。黄河携带着大量泥沙而下，随着河道变宽，流速减缓，泥沙大量淤积在河床中。这样年复一年，泥沙不断淤积，河床逐年淤高，以致下游河道竟高出两岸农田3~4米，有的甚至高出10米以上，形成"地上河"，全靠人工筑堤束水。过去，每当暴雨，洪水下泄，下游河堤就很容易决口、改道，泛滥成灾。

　　新中国成立以来，国家和黄河流域的人民十分重视黄河的防洪工作，多次大修具有"水上长城"之称的黄河大堤，修建了一批分洪、蓄洪工程。现在，整个黄河大堤堤身坚实，堤顶宽阔平坦，堤上草茂林密。它把咆哮的黄河牢牢锁住，大堤数十年来没有决口过。

　　黄河之害，在于下游决口改道，究其根源，是大量泥沙入河并在下游河道沉积。所以，治黄的关键在于治沙，黄河泥沙90%来自中游，因此，加强中游黄土高原地区的水土保持是治黄的根本。

　　目前，在黄土高原，人们把治水同治山、治土、治沟、治坡相结合，大力植树造林，提高植被涵养水源、保持水土的能力。同时，在缓坡修筑水平梯田，在沟壑或山麓打坝淤地，防止水土流失，使土不下坡，清水长流，大大减少了入河的泥沙。

　　水土保持工作，不可能在短时间内改变黄河的多沙面貌。修水库，使治沙和防洪并举，也是治黄的重要手段。国家对黄河上游的水能资源实行梯级开发，已建成龙羊峡、李家峡、刘家峡等大型水利枢纽和水电站，并且在黄河流出黄土高原的河段，建成了三门峡、小浪底等大型水利枢纽工程。这些水利枢纽工程，除了提供发电和灌溉之利外，在防治洪涝灾害、减少泥沙淤积河床等方面，也发挥了显著的作用。

天河雅鲁藏布江

雅鲁藏布江是世界上最高的大河，雅鲁藏布江在藏语中是"天河"的意思。

雅鲁藏布江发源于青藏高原西端，从西向东横贯青藏高原南部。在喜马拉雅山和冈底斯－念青唐古拉山之间，是雅鲁藏布江谷地。谷地的绝大部分为雅鲁藏布江流域，海拔多在 3500～4500 米。雅鲁藏布江的干流谷地大部分为宽谷，沿途有许多支流注入雅鲁藏布江，水量很大。

雅鲁藏布江长 2093 千米，由西向东滚滚流淌，至东经 95°附近突然南折，浩荡的江水切穿了喜马拉雅山脉，形成世界上最壮观的雅鲁藏布江大峡谷。这段河床坡度非常陡，加拉白垒峰和南迦巴瓦峰雄峙于河流两岸，大峡谷的深度，竟以 5000 米作为最基本的衡量尺度，最深处达 6009 米。江水从高山悬崖间流过，最窄处不到 80米。这里的峡谷一个接一个，层峦叠嶂，百折千回。山间森林密布，山顶高入云端，白雪皑皑，山路险峻，时而可见栈道、单木桥、铁索桥，真是山道难，难于上青天。江水寒冷刺骨，水急浪高，落差很大，有的河段在 7～8 千米，水面下降 350 米，流速超过 16 米/秒，水流之急为世界各大河流所罕见。据初步计算，大峡谷的水力资源占整个雅鲁藏布江水力资源的2/3以上。

雅鲁藏布江冲出大峡谷后，继续南流，进入印度。在印度境内叫布拉马普特拉河，河名意为"梵天的子孙"，"梵天"为印度教的创造神。后来河水先向西流，又折回向南流，最后与恒河汇合，注入孟加拉湾，在河口附近冲积形成世界上最大的三角洲——恒河三角洲。

雅鲁藏布江谷地相对于高大的青藏高原来说，海拔较低，拉萨平原海拔只有3600米左右。这里地形平坦，土层深厚，土壤肥沃，宜于耕作，是西藏主要的耕地分布区。雅鲁藏布江谷地夏季有印度洋的西南季风带来的湿润气流，沿着下游谷地吹来，形成较多的降水，年降水量有400~500毫米。这里冬季不受寒潮影响，比较温暖。青稞是谷地重要的粮食作物。

雅鲁藏布江河谷是发育在大断裂带内的一条河谷。印度板块向北移动，同亚欧板块相撞，使地壳强烈隆起，印度板块就在现在的雅鲁藏布江河谷一带向下俯冲，插进亚洲大陆板块前缘的下面，使原来分离的两块大陆结合起来。科学家发现有一条东西长达1000千米的蛇绿岩带，清晰显示了两个大陆板块的分界线。这条蛇绿岩带横亘于雅鲁藏布江岸。蛇绿岩带原是分布在海洋底部的岩石，由于受到两大板块碰撞和挤压，才被抬升到陆地上来的。

雅鲁藏布江的支流所流经的察阳河谷，海拔降低到3000米以下，在肥沃的河谷地带，层层叠叠的梯田里种植着水稻，还有挺拔的樟树，墨绿的茶树，青翠的竹林，垂枝的苹果、橘子和一串串香蕉。山区垂直分布了寒、温、亚热带的各种森林，林中栖息着许多珍禽异兽。

圣水之河恒河

恒河，长约 2700 千米，就世界范围来说，还算不上大的河流，可是在 6 亿多虔诚的印度教徒的心目中，它却是一条"圣河"。神圣的恒河是他们永恒生命的象征。

恒河发源于喜马拉雅山脉嘉诺特里冰川脚下的哥姆克水洞，流经恒河平原，下游同流经我国西藏境内的布拉马普特拉河汇合，冲积成 75000 平方千米的恒河三角洲，这是世界上最大的三角洲。最后，它奔流泻入孟加拉湾。

佛经里说，恒河之源来自"神山圣湖"，"神山"腹中筑有金碧辉煌的宫殿和法轮常转的经堂。各方高僧云集山中，聆听佛陀释迦牟尼讲经。"圣湖"之中有圣水，沐浴圣水后，可以解脱罪过，生时超脱凡尘，死后永成正果。

印度教的传说是，"神中之神"的湿婆在"神山"修行，长年苦修，得道成大神。他乘骑白色神牛，云游四方，拯救受苦难的苍生。还说，大神湿婆和他的妻子乌玛女神在湖中沐浴，使湖水变得神奇非凡：圣水贮在瓶里，可以终年不腐；在圣水里沐浴，可以祛病消灾，延年益寿。

这个"神山圣湖"在哪里？我国西藏冈底斯山有座冈仁波齐

峰，在它的东南面，有个玛旁雍错湖，湖水澄碧清澈，水下鱼群历历可见。这个"神山圣湖"就成为印度教徒和佛教徒朝山拜湖的地方，就如伊斯兰教徒要去麦加朝圣那样，这是信徒们一生中最高的理想。

恒河源出"圣湖"，恒河水也就成为圣水了。在恒河与朱木拿河交汇处的阿拉哈巴德，每隔12年都要举行一次孔勃－梅拉节，即圣水沐浴节。一到这天，成千上万的印度教徒从全国各地赶到这里，善男信女身披袈裟，裹着黄巾，扶老携幼地从沿河石阶缓慢走入恒河。他们浸在圣水之中，一为净身，一为顶礼膜拜。那些名门闺秀，乘着无底轿子，也泡在圣水之中净身；僧侣们一边半身浸在水中，一边还在诵经；岸上的信徒则闭眼合掌，一遍又一遍地祈祷。

恒河中游的瓦拉纳西（又称贝拿勒斯），被称为"圣城"，是印度教教会的中心，有1500座庙宇。络绎不绝的朝圣者从全国各地拥来，到寺庙去朝拜。它的盛况可同沐浴节媲美。

按照印度教徒的习俗，人最好死在恒河边上，在河边火化，将骨灰撒入圣河。不满10岁的孩子死亡，不能火化，就将整个尸体抛入河中。现在恒河干流水污染十分严重。但不管河水怎样脏浊，人们依旧乐于在河中沐浴，依旧饮用河水。

整治"圣河"污染成了敬仰恒河的印度人的一项紧迫的任务。历届政府都把治理恒河污染列入政府的施政纲领，成立了恒河管理局，拨出巨款，开展治理工作。在沿岸27座城市建立污水处理场，既可停止向恒河排污，又可生产沼气和肥料。

东南亚国际河流湄公河

　　湄公河的上游是澜沧江，发源于我国青藏高原，进入中南半岛后，叫湄公河。从澜沧江到湄公河，总长约4300千米。湄公河长只有2647千米，流域面积63万平方千米，是东南亚最重要的国际河流。

　　湄公河大致由北往南流，经过缅甸、老挝、泰国、柬埔寨和越南，流入南海。湄公河沿岸各族人民世代辛勤劳动，创造出古老的光辉灿烂的文化，流域内有著名的丹松石刻洞文化，洞里萨湖的西北面，有闻名世界的吴哥古迹。

　　湄公河从中国、缅甸、老挝三国边界到万象，为上游，长约1000千米。这一带多山地，长满葱绿的树木，地形起伏很大。沿途300多千米，河道曲折而狭窄，多深邃的峡谷，经常出现悬崖峭壁、急流险滩。两岸山青水碧，人烟稀少，野兽出没，常有象群到河中戏水。往东，山势逐渐降低，但到了甘东峡谷，两岸又是悬崖插天，幽深的河谷只有在中午时才能见到太阳。过了琅勃拉邦，两岸是一片原始森林，参天巨树高达50米，林间长满了稠密的竹子和羊齿植物。

　　从万象到巴色是湄公河中游段，长约700千米。在沙湾拿吉以上地形平坦，河谷宽广，水流平静，全年可以通行200吨的轮船；

沙湾拿吉以下，河谷穿越丘陵，有许多岩礁和浅滩，河床陡降，出现全河最长的锦马叻长滩，河水奔腾汹涌，波涛翻滚，急流总长85千米。

从巴色到金边是湄公河的下游段，长约500千米，河流流在起伏不大的准平原上，河道宽阔多岔流。在一些低丘紧夹或玄武岩脉横贯河道的地段，形成了许多险滩急流。枯井以下，湄公河展宽加深，水流缓慢，有许多沙洲、河曲和小湖沼。磅湛以下，原是一个海湾，经过泥沙长期沉积，成为古三角洲，海拔不到10米，最后剩下的水体叫洞里萨湖，湖水经洞里萨河同湄公河相遇。在这一带丘陵和平原上，有郁郁葱葱的橡胶林、咖啡园和胡椒园。

金边以下河段，长300多千米，是新三角洲。这里河道分支特别多。湄公河在金边附近形成"四臂湾"，接纳了洞里萨河后，先分为前江和后江两大支流，平行流经越南南方，又分成六大支流，九个河口，倾泻入海。这里的河水，随着热带季风气候干、湿季的变换，时清时浊，时缓时急。当它波涛翻滚，咆哮流泻时，状如巨龙，越南人叫它九龙江。无数岔流，加上人工渠道，构成了一个交错密布的水网，岸边椰子树高耸挺秀，一派热带水乡风光。新三角洲面积44000平方千米，海拔不到2米，地势坦荡，稻田、鱼塘和果园，一望无际，是个鱼米之乡。

湄公河水位季节变化很大，金边的洪峰和枯水位相差10米左右。每年5～10月，雨季来临，是最大汛期；秋后干季来临，流量大减，与汛期相差60倍。

湄公河的水力资源很丰富，水能蕴藏量达1.5万千瓦，许多峡谷地形有利于建设水电站。3000吨轮船从海口溯江而上，可以直达金边。

奔腾咆哮的刚果河

刚果河又称扎伊尔河，是非洲第二长河，位于中西非。干流流贯刚果盆地，河道呈弧形穿越刚果民主共和国，沿刚果（金）边界注入大西洋。刚果河全长 4700 千米，流域面积约 370 万平方千米，水量极其丰富，全年总流量平均达 1230 立方千米，在世界上仅次于亚马孙河，比尼罗河大 15 倍以上。

为什么刚果河的水量这么丰富呢？原来，它流经赤道附近的刚果盆地，两岸汇集了许多支流，形成庞大的向心状水系。北岸有阿鲁维米河、乌班吉河等，南岸有宽果河、开赛河、洛马米河等。刚果河流域面积广大，其中 1/3 在北半球，2/3 在南半球，全部在赤道两侧的热带雨林带。有趣的是，南北两地，雨季轮番来临。每年 4～9 月，北部为雨季，10 月到次年 3 月，南部为雨季，雨水交替泻入刚果河，使它全年保持丰富的水量。

刚果河在基桑加尼以上为上游，长约 2300 千米，叫卢阿拉巴河。刚果河有两个源头，西支源出加丹加高原，东支源出赞比亚的班韦乌卢湖，它们流经高原区，河谷深切，水流湍急，多急流瀑布。最著名的是基桑加尼瀑布，它是连在一起的 7 个瀑布的总称，绵延在赤道南北 100 多千米的河段上，为世界最长的瀑布群。

基桑加尼以下叫刚果河，从这里到金沙萨为中游，长 1740 千米。刚果河流贯盆地，汇集了多条大支流，形成稠密的河网。河床落差很小，河宽 4～6 千米，最宽处有 14 千米，水流平缓，水量丰富，浩浩荡荡，碧波万顷。有 39 条支流可通航，总里程长约 15000 千米。

金沙萨以下为下游。金沙萨到马塔迪一段，河水切穿盆地边缘山地，一泻而下，形成长约 217 千米的峡谷，多急流瀑布。两岸悬崖峭壁，河水汹涌咆哮，奔腾而下，形成著名的利文斯敦瀑布群，共 32 个瀑布，落差 280 米。从马塔迪以下，刚果河进入沿岸低地，河道展宽到 1.5 千米。刚果河的河口部分，由于现代侵蚀作用，形成喇叭状三角港，河口最宽的地方达 17 千米，深 30 米，波涛壮阔，宛如海湾。

刚果河流域资源丰富，景色迷人。两岸是广袤、浓密的赤道热带雨林，树种多达 2 万种，河中鱼类资源丰富，还有许多鳄鱼生活在水中。

刚果河水力资源极其丰富，水能总蕴藏量达 1 亿千瓦，占非洲的 40%，全世界的 17%，是世界上水能蕴藏量最大的河流，如果用来发电，可满足全部赤道非洲国家的需要。现在对刚果河的水能资源已经开始开发利用。刚果民主共和国在加丹地区建立了 30 个大中型水电站，发电能力超过 300 万千瓦。刚果（金）还要利用利文斯敦瀑布群的巨大落差，修建一系列水电站，其中英加水电站是全国最大的水电站。为了提高刚果河的运输通航能力，刚果（金）还实施了整治刚果河航道的工程。挖除刚果河自马塔迪以下的浅滩险礁，使航道深度由 6.7 米增加到 9.1 米，2.4 万吨级的海轮可以溯河到达马塔迪，年吞吐量达到 200 多万吨，大大提高了刚果民主共和国对外贸易运输的能力。

五海通航的伏尔加河

伏尔加河在俄罗斯境内，流贯辽阔的东欧平原，是欧洲第一大河。它发源于莫斯科西北部的瓦尔戴丘陵，那里是一片不起眼的沼泽地，水面上的水藻轻轻浮动，显示出水的流动。

伏尔加河由西北流向东南，到喀山城折向南流，注入里海，全长3530千米，流域面积138万平方千米，约占东欧平原面积的1/3。它是世界最长的内流河，也是世界上流域面积最广的内流河。

伏尔加河流域自然环境复杂多样，南北差别很大。北部的上游气候较湿润，越向南部的下游气候越干燥。伏尔加河上、中游有大小支流5万多条，构成稠密的河道网。自两条最大的支流——奥卡河和卡马河汇入后，河道变宽，水量大增，成为一条浩浩荡荡的大河。伏尔加格勒以下，因流经降水稀少的干燥区，支流很少。

伏尔加河流域为温带大陆性气候，冬季气温很低，河流普遍有封冻现象。上游封冻期长140天，中下游在90~100天，每年4月开始解冻。河水以冰雪融水和地下水补给为主，雪水占河流水量的55%，地下水占41%，夏秋季的雨水仅供给约4%，最大流量在春季。

伏尔加河宽广平缓的水流，仿佛温柔宽容的母亲，抚慰着俄罗斯的苍茫大地，供养着千百万人民，更创造出无数城市的兴盛繁华。它不仅是俄罗斯的交通大动脉，而且是俄罗斯精神上的"大地之母"。

伏尔加河蕴藏着丰富的水力资源。俄罗斯人民为改造利用伏尔加河，兴建了雷宾斯克、高尔基、古比雪夫、伏尔加格勒等许多大型水利枢纽，组成了一个巨大的灌溉和电力供应网，年发电量达400多亿度，灌溉面积400万公顷。

为了改善河流的通航条件，俄罗斯人民开凿了多条运河。在伏尔加河上游伊凡科佛建造的一道水闸，把河的水位提高了17米，形成了一个人工的"莫斯科海"，面积327平方千米。在莫斯科河和伏尔加河上游之间，开凿一条莫斯科运河。在上游地区，又通过白海－波罗的海运河等把许多湖泊串联起来，使伏尔加河与白海、波罗的海相通。在下游开凿了伏尔加河－顿河运河，沟通了伏尔加河、里海与亚速海、黑海。这样，原为内流河的伏尔加河变为"五海通航"的外流河，内陆城市莫斯科变成"五海通航"的港口。

在伏尔加河流域，主要河港有雅罗斯拉夫尔、高尔基、喀山、古比雪夫、萨拉托夫、伏尔加格勒、阿斯特拉罕等。在俄罗斯内河运输中，伏尔加河流域最为繁忙，货运量占全国内河货运总量的一半以上，伏尔加河流域也是俄罗斯人口稠密、城市众多、工农业生产集中的地区。

伏尔加河注入里海的河口附近，有数条支流，是俄罗斯闻名世界的黑色珍珠——鱼子酱的产地。鱼子酱是用鲟鱼的卵加盐腌制而成的，味道鲜美，价格昂贵。

蓝色的多瑙河

  风光旖旎的多瑙河是欧洲第二长河，是横贯中欧的一条大动脉。它发源于德国西南部黑林山东坡，向东流经奥地利、斯洛伐克、匈牙利、克罗地亚、塞尔维亚和黑山、罗马尼亚、保加利亚、乌克兰等9个国家，注入黑海，是世界上流经国家最多的国际河流。多瑙河全长2850千米，流域面积81.7万平方千米。

  多瑙河从源头到奥地利的维也纳一段为上游，谷深流急，河水主要靠阿尔卑斯山融雪补给，每年6~7月水量最大，2月水量最小。水力资源丰富，水力蕴藏量达3500万千瓦。

  从维也纳到铁门峡为中游。多瑙河在布拉迪斯发附近冲出小喀尔巴阡山，便进入宽广肥沃的多瑙河中游平原，接纳了多条支流，水量大增。这里是匈牙利、塞尔维亚和黑山等国主要农业区所在地，向有"谷仓"之称。随后，多瑙河进入喀尔巴阡山，在河水强烈切割下，形成壮丽险峻的卡桑峡和铁门峡。峡谷全长107千米，水位落差达35米，河宽150米，只有入峡前的1/4，水力蕴藏量丰富。在此建成的铁门水电站，具有防洪、发电、灌溉、航运等方面的综合效益。

  多瑙河在铁门峡以下流淌在多瑙河下游平原上，两岸为罗马尼亚、保加利亚的重要农业区，河口附近形成 4000 多平方千米的三角洲。

多瑙河因为奥地利音乐家约翰·施特劳斯的名曲《蓝色多瑙河》而被人们所向往、传颂。几乎所有第一次到维也纳的人，都要去看看这条蓝色的河流，但都会感到失望——它并不是蓝色的，河水常常呈棕黄色或灰绿色。

多瑙河到底有没有一段河水是蓝色的呢？其实还是有的，那就是河口三角洲附近的一段河。原来，水浊流急的多瑙河经过奔腾流泻，到达湖沼遍布、芦苇丛生、泥沙淤滞的三角洲，先前的滔滔雄姿已不见了，变成一条宽广而水流缓慢的河流。这里林木葱茏，水草丰茂，鸟飞碧空，鱼翔浅底。它分为三支，九曲一直，流向黑海。其中中支苏利纳河流至近海 10 多千米处，这里河水一反常态，泛出湛蓝的颜色。来此荡桨划舟的旅行者，都为能观赏到蓝色的多瑙河而感到欢快。

多瑙河在航运上有很大的经济意义。从德国的乌耳姆开始到河口，其间 2588 千米的河道都可通航。为了连接其他河系，先后开凿了卢德益克运河、多瑙河－奥德河运河、多瑙河－黑海运河等。还建设了规模宏大的莱茵河－美因河－多瑙河运河工程，将多瑙河和莱茵河两大水系连接起来。从多瑙河到莱茵河，经过阶梯式运河，先上升 68 米，再下降 176 米，把欧洲的两条著名的国际河流联系起来。两大水系之间每年的运输量达 2000 万吨，形成一条从北海到黑海的长 3500 多千米、途经十几个国家的水运动脉。

奇妙的河流

世界上有很多奇妙的河流。有些河流有头无尾，有些河流无头无尾，有些河流河水倒流，有些河流河水定时涨落。

我国西北地区的塔里木河、弱水、玛纳斯河、和田河、克里雅河、孔雀河，中亚地区的楚河、萨雷苏河等，都是断了尾巴的河流。它们从高山奔流下来的时候，水量很大，后流经冲积扇平原、戈壁滩、沙漠，由于在中上游人们大量截流引水，沿途又渗漏到地下，加上这些地方气候干燥，河水大量蒸发，得不到雨水或冰雪融水的补充，河流水量越来越少。当河流进入辽阔的沙漠区时，河水被干渴的沙漠吞噬掉，河流就消失不见了，成了有头无尾的河流。

在石灰岩分布地区，也有无头无尾的河流。我国广西、贵州山区，有些河流在山间蜿蜒曲折地流泻，突然在山前消失了。在一些寸草不生、滴水不藏的石山脚下，又突然冒出滚滚的流水，成了一条新河。这是地下暗河，又叫伏河，它们常常神出鬼没，不知头在哪里，也不知尾在哪里。原来，在高温多雨的石灰岩地区，在漫长的地质时代，由于地球内力和外力作用，地下岩层形成断裂带、溶洞、落水洞，发育成或长或短的地下河。

广西都安县地苏镇有一条不见天日的暗河，它有一条干流和十多条较大的支流。干流源自都安县西北部的七百弄山区，沿地下岩层断裂带从西北向东南流，流程长 45 千米，汇水总面积为 1000 平方千米。这条地下河在红渡以西的青水出口，注入红水河。它的最大流量为每秒 390 立方米，最小流量为每秒 4 立方米。

我国的地势西高东低，绝大部分的河流，都是由西往东或往东南流的。有些河流河水却从东往西流，成为倒流的河流。青海湖的东南方有一条名叫倒淌河的小河，长约 50 千米，发源于日月山上，流进青海湖。原来，青海湖曾经有一条河通古黄河，10 多万年前的一次地壳运动，日月山隆起上升，把青海湖出口堵住，西部发生陷落，而那条输出湖水的河道来个首尾掉头，成了今天的倒淌河。

还有更奇妙的河——潮水河。这不是一般每天受潮汐影响而时涨时落的水流现象，而是另一种与潮汐无关的河水涨落奇景。我国湖北西部的神农架天然林区，有不少地方是石灰岩分布区，有峰林、孤峰、溶洞、地下河等溶岩地貌。有条潮水河，来自一个大山洞内的岩溶泉，河流虽小，却有个奇特现象：河水每天日出、中午和日落时定期涨落，涨落的周期为 6 小时。每次河水涨时，持续 30 分钟，比平时流量大 2 倍。河水定时涨落不受外界旱涝天气的影响。这是怎么回事呢？人们推测，潮水河的源头可能有两个或两个以上的泉眼，包括间歇泉（或虹吸洞）和非间歇泉两种。非间歇泉供给了长流的河水，而间歇泉则供应了涨水时的水。为什么间歇泉会按时喷水呢？这还是个谜。

壮观的黄果树瀑布

黄果树瀑布位于我国贵州省镇宁县境内，处在北盘江支流、打帮河上游的白水河上。这里由于地层断陷形成了很多瀑布，构成了一个瀑布密布的瀑布群，其中以黄果树瀑布最为雄伟壮观，是我国最大的瀑布，也是世界上最壮观的瀑布之一。

黄果树瀑布落差74米，宽约100米，河水从断崖顶端凌空倾泻而下，汹涌澎湃，跌落在三面环山的犀牛潭中。当洪峰到来时，水量很大，宽阔的水帘，流量每秒可达2000立方米，拍石击水，发出巨大的响声，似雷鸣，又像山崩，那撼动天地的磅礴气势令人心惊。瀑布激起的水沫和浪花，冲天而起，四处飞溅，可达50~60米高，在夕阳照耀下，常常出现一条或两条彩虹，在如云似烟的水雾浪花映托下，仿佛一座彩桥飞架在茫茫的云海上。犀牛潭很深，水浓绿深碧。出口的地方，面对一个深邃的大峡谷，悬崖绝壁，水天一线。

黄果树瀑布后面的绝壁上，还有一个深约20米、长约134米的水洞，和《西游记》中的水帘洞有异曲同工之妙。洞内共有6个洞窗、5个洞厅、3个洞泉和2个洞内瀑布。白天于洞中穿行，可在洞窗内观看洞外的瀑布；夕阳西下时，凭窗眺望，远处犀牛潭的潭水中彩虹缭绕，云蒸霞蔚，苍山顶上一片绯红，变幻迷离，这就是

"水帘洞内观日落"的奇景。古人说："天空云虹以苍天作衬，犀牛潭云虹以雪白之瀑布衬之。"两景互相映衬，就有了"雪映川霞"的美誉。

黄果树瀑布对面，在依山濒河的山岩上建有古朴雅致的观瀑亭。在亭上可以观赏瀑布壮景。亭下山花烂漫，绿树葱茏，曲折回旋的小径直达河边，临河观瀑另有一番妙趣。

黄果树瀑布附近是一片石灰岩山地，山峦重叠，多急流瀑布。落差在 10 米以上的瀑布就有 9 级 18 瀑。距黄果树瀑布 10 千米远的关岭县境内的高滩瀑布，是由三个瀑布蜿蜒连接而成，总的落差有 300 多米。最下面的一级瀑布高 120 米，宽 30 米以上，夏季洪水季节，水练高悬，神奇壮观。这里还有瀑布群中瀑顶最宽的陡坡塘瀑布，从悬崖绝壁洞口喷吐出来的蜘蛛瀑布，汹涌澎湃的龙门、关脚峡瀑布，银丝彩带飞舞的帘带瀑布、大树岩瀑布。这些各具特色的瀑布，如众星捧月一般映衬着黄果树瀑布。

在黄果树瀑布下游约 6 千米处，还有一个景点，叫作天景桥，是由地下河塌陷形成的。宽约 300 米的天景桥，在开发前是"养在深闺人未识"，如今一旦展现，人们无不为之倾倒。天景桥内奇峰壁立，瀑布飞泻，有旱石林和水上石林等奇特景观，其中最奇特的是一块秃石上竟然长满了巨大的仙人掌，令人叹为观止。

黄果树瀑布景区内风景秀丽，环境优美，空气新鲜，气候宜人，自古以来它就以奇秀多姿的风光闻名天下，现在更是世界闻名的风景区。

声若雷鸣的维多利亚瀑布

在非洲南部的赞比亚和津巴布韦接壤处，赞比西河上游和中游的交界处，宽阔的赞比西河滔滔东流，至马兰巴附近，突然被百米深谷拦腰截断，河水如万马奔腾，以排山倒海之势，倾泻而下，直冲谷底，这就是世界三大瀑布中最雄伟壮阔的维多利亚瀑布，又叫莫西奥图尼亚瀑布。

维多利亚瀑布实际上分为 5 段。位于西边的是魔鬼瀑布，最为气势磅礴，河水以排山倒海之势直落深渊，雷鸣声震耳欲聋；主瀑布在中间，主瀑布宽约 1800 米，落差约 108 米，其流量最大，中间有一条缝隙；东侧是马蹄瀑布，它因被岩石遮挡为马蹄状而得名；像巨帘一般的彩虹瀑布，则位于马蹄瀑布的东边，溅到空气中的水点折射阳光，产生美丽的彩虹，彩虹瀑布因此而得名；东瀑布是最东边的一段，该瀑在旱季时往往是陡崖峭壁，雨季才成为挂满千万条素练的瀑布。

飞流直下的这 5 条瀑布都泻入一个宽仅 400 米的深潭，酷似一幅垂入深渊中的巨大帘幕。流水冲击着谷底的岩床，发出雷鸣般的吼声，激起的浪花水雾，被风吹扬到几百米高空，水花飞溅，水雾弥漫。在离瀑布 10 千米以外的地方，就可以看到高空飘浮着的水雾，耳旁隐约地传来隆隆声，那奇异的景色堪称人间一绝。

每当日出和日落时，在太阳光照耀下，可以看到一条绚丽的、经久不散的彩虹，飞架于大瀑布和对面的峭壁之间，仿佛是一条通向云霄的彩桥，蔚为壮观。

每年雨季，赞比西河的河水大涨，维多利亚瀑布景色更加雄伟壮丽，是观赏瀑布的最好时机。特别是在晴朗的天气，万里无云，跌落谷底的瀑布急流，像沸腾的水一样翻滚着；瀑布飞溅起来的水花水雾，给晴空增添了无限的瑰丽。

可是，到了旱季，赞比西河水量大减，最少时只有洪水期的1/50。这时候，瀑布泻落就不是一幅连续的水幕，而是被大小的岩石分隔成为一条条小瀑布。最干的年份，人们可以走到瀑布中央的一个小岛上，连鞋子都没有被溅湿。

维多利亚瀑布所处的地区，本是热带草原气候区，终年高温，干湿季分明。当多雨的湿季来临时，草原上草木繁茂，一片葱绿；当少雨的干季来临时，草原上草木凋萎，一片枯黄。可是在瀑布附近居然还生长着一片长年青葱的热带雨林，为维多利亚瀑布平添了几分姿色。这片雨林分布在瀑布对面的峭壁上，它靠瀑布水汽形成的潮湿小气候长得十分茂盛。铺设于瀑布区的网状步道，穿梭在浓密的雨林间，可保护雨林生态免受破坏，并引导游客到各景点赏瀑。漫步于布满水汽的热带雨林步道，非洲炎热的天气也立刻变得清爽凉快。在热带雨林中，还可欣赏雨林特有的植物：乌檀木、无花果、藤本植物、蕨类植物及各式各样的花卉植物。

世界最宽的伊瓜苏瀑布

　　世界上的瀑布从高度和宽度对比来说，可以分为高瀑布和宽瀑布两种。

　　伊瓜苏瀑布是世界上最宽的瀑布。它位于巴西和阿根廷两国交界的伊瓜苏河上。伊瓜苏河是巴拉那河的一条支流，发源于巴西境内，全长只有 700 千米，但水量极其丰富。在汇入巴拉那河之前，水流平缓，在巴西与阿根廷边境，河宽达 1500 米。河水继续向前流淌，汹涌的河水突然跌落进深邃的峡谷中，大量河水呼啸而下，形成了一个宽大的瀑布。瀑布平均高度 60 多米，最高的鬼喉瀑高达 80 米。

　　伊瓜苏是当地土著居民瓜拉尼人的语言，意思是"大水"。关于伊瓜苏瀑布在瓜拉尼人中有一个美丽的传说：古代一位酋长的女儿爱上了一位聪明英俊的青年，但酋长嫌这个青年门第贫寒，不同意女儿嫁给他。女儿百般努力，父亲依然不准许，她于是挥泪投进伊瓜苏河，以表示自己对爱情矢志不渝，她洒下的眼泪化作滔滔洪水，直泻而下，形成终年飞流的瀑布。

　　伊瓜苏瀑布的形成是由它的地理条件决定的。伊瓜苏河沿途接纳了大小河流 30 条，在流到大瀑布前方时，已经汇成一条大河了，水面像湖泊一样宽阔。在河水继续向东南方向流动时，在宽阔的河道中间突然出现一个半圆形的峡谷，河水就此跌入几十米深的山谷中，顿时形成很多个飞流直泻的瀑布群。

伊瓜苏瀑布的落差在50～80米之间，但宽度却大得惊人，总宽度达4000米。每年11月到第二年3月为雨季，这时河流水位猛涨，平均流量每秒达10000多立方米。这个瀑布在干季时，被许多满布树林的岩石小岛分隔成275个大大小小的瀑布。瀑布群分为三大组，最大的一个瀑布群叫鬼喉瀑，位于河道的正中；北翼的一群，在巴西境内，是两层平台组成的大小瀑布；南翼一群，在阿根廷境内，是两组双层瀑布群。雨季时，几百股飞流像一个半环形水帘，从三面垂直泻下，跌入深谷中。当水流从峰线上飞落时，溅起的水花高达几十米，汇成连绵一片、浑然一体的巨大水帘，水雾弥漫，一道道色彩艳丽的长虹飞架于瀑布上空，气势磅礴。激流坠落时发出雷鸣般的响声，震动山谷。

伊瓜苏瀑布是南美洲壮丽雄伟的大自然的奇景，每年吸引了千百万游客。巴西和阿根廷在这个地区分别建立了国家公园，成为世界著名的游览胜地。1975年，巴西和阿根廷分别在伊瓜苏河上修筑了长长的木桥。这蜿蜒曲折的木桥，把两国联结起来，通向瀑布近处，游人不仅可以近观伊瓜苏瀑布的奇景，领略每一段瀑布的雄伟与壮观，感受瀑布翻滚而下的磅礴气势，还可以通过这条水上走廊，过境进入另一国继续旅行。

世界最高的安赫尔瀑布

世界上最高的瀑布是南美洲的安赫尔瀑布。它在委内瑞拉奥里诺科河支流卡罗尼河上。那里有一片参天的峭壁，峰顶终年被云层遮盖着，周围原始森林密布，山高谷深，人迹罕至，被称为"魔鬼岩"。

1936年，委内瑞拉飞行员安赫尔驾着小飞机，飞向圭亚那高原。当飞机飞到魔鬼岩上空时，他发现这里是一个平坦的山顶，面积700多平方千米，高3000多米。那曲折幽深的河谷引起他的好奇。他驾着飞机从蓝棕色的峭壁间飞进深谷，看到数不清的瀑布从悬崖上飞泻而下，十分壮丽。

当飞机正绕着峰顶飞行时，安赫尔突然发现一个惊人的奇景。头上的云层里，一道飞瀑往下直泻，轰隆声盖过了飞机的引擎声。他在山谷里上下多次飞行，用高度计测算，估计瀑布高度在800～1600米间，因此，他认为这是举世无双的高瀑布。

当时，安赫尔的发现没有引起人们的重视，只当作是一种飞行中的视觉错误。直到1949年，美国地理学会的一支探险队，来到魔鬼岩，才证实这里的瀑布高979米。它先泻下807米，流经一处横伸的山崖时，再泻下172米，气势如虹，极为壮观。为了纪念安赫尔的发现，1956 年，委内瑞拉政府决定，那瀑布就以安赫尔的名字命名。

安赫尔瀑布所处的地区，是个降水量丰沛的地区，地表被流水侵蚀切割得非常厉害，山高谷深，地形起伏很大。因此，瀑布奔腾澎湃，仿佛自天而降，形成一幅巨大的水帘，水雾飞溅，弥漫天空，隆隆声远传 10 千米以外。瀑布高达 979 米，若是仰首翘望，用李白的诗"飞流直下三千尺，疑是银河落九天"来描绘，倒是确切的。

这里，悬崖陡峭，如斧劈刀削；谷地幽深，如万丈深渊。如果有人想沿着瀑布区壁立的悬崖绝壁，攀登上魔鬼岩，是十分困难的。现在，人们可以乘飞机去那里冒险旅行。当飞机飞越崇山峻岭，钻进深山峡谷时，只有低飞才可以透过窗口看到悬崖绝壁上的嶙峋巨石，游客们既怕飞机撞到山崖上，又怕失去那一掠而过的美景：瀑布飞流直泻的雄姿。转瞬间，飞机又钻出了峡谷，腾空直上，真是十分惊险的一幕。之后，每个游客都可以得到一份证书，证明他已经成为安赫尔瀑布的一个"勇敢探险者"。

最近，委内瑞拉的地质工作者多次到现场考察，或从远处和上空观看，都可以清楚地看到安赫尔瀑布向后嵌进 200 米左右，呈"V"字形，使瀑布飞流直下的雄姿日益削减，面临着逐渐消失的危险。不过，他们表示有办法拯救安赫尔瀑布，因为北美洲的尼亚加拉瀑布也曾发生过类似的现象，它的水流冲击曾造成一个 70 米深的狭道，为了防止它在 5 万年内趋向消亡，在流水处装上了钢槽，这样就万无一失了。安赫尔瀑布如果也采用这种装置，就可以避免瀑布的后退甚至消亡。

"雷神之水" 尼亚加拉瀑布

尼亚加拉瀑布位于加拿大和美国交界处，在连接伊利湖和安大略湖的尼亚加拉河上。它与南美洲的伊瓜苏瀑布及非洲的维多利亚瀑布合称为世界三大瀑布。"尼亚加拉"在印第安语中意为"雷神之水"，印第安人认为瀑布的轰鸣是雷神说话的声音。

尼亚加拉河在长约25千米的河段上，落差较小，水流缓慢，河面宽广。之后，河水在石灰岩地层穿越而过，水流湍急，有一条陡峭的悬崖横在河道中，河水突然从崖壁处跌落，形成著名的尼亚加拉大瀑布。

尼亚加拉瀑布中间有座山羊岛，把瀑布分成东、西两部分：西边叫马蹄瀑布，宽793米，落差49米，在加拿大境内；东边叫亚美利亚瀑布，宽300米，落差51米，在美国境内。瀑布的总水量平均为每秒6000立方米，马蹄瀑布的水冲到河里呈青色，而亚美利亚瀑布的水冲到河里呈蓝色。

正面望去，宽阔的尼亚加拉瀑布似一幅白色纱幔，倒挂于蓝天白云之下，滔滔河水奔腾而下，水珠飞溅，如轻纱，又如白雾，在阳光照射下形成色彩绚丽的长虹，令人赞叹不已。瀑布以雷霆万钧之力，泻进50米深的断崖河谷之中，水声震耳欲聋。大水掀起滚滚

148

巨浪，浪涛一个接着一个翻滚着。

尼亚加拉瀑布的水流冲下悬崖至下游重新汇合之后，在不足2000米长的河段上跌宕而下，流速很快，形成16米的落差，演绎出世界上最狂野、最恐怖、最危险的旋涡急流。下面的旋涡潭水深38米，急流在此一个蛟龙翻身，经过左岸加拿大的昆斯顿，右岸美国的利维斯顿，冲过魔鬼洞急流，沿着最后的利维斯顿支流峡谷，由西向东进入安大略湖。

尼亚加拉瀑布下的基岩，上部是较硬的石灰岩，下面是较软的页岩，在河流强大的水流冲击和沙石摩擦下，下面软的基岩被掏空，上部硬的基岩终于崩塌了，形成了陡崖。随着流水的不断冲击，瀑布在逐渐地后退，现在平均每年大约后退1米。

尼亚加拉瀑布附近已划为游览区，每年游客多达1400万人。人们如果想俯瞰瀑布的四周，可上直升机，或者登上瞭望塔、摩天大楼眺望，飞溅的水珠飘来，像下大雨似的，还得穿上雨衣哩。巨大的水帘一泻而下，瀑布溅起的白色水雾，滚滚翻腾，使游客分不清天上人间。

如果想亲历其境，可以从山羊角攀登，经过几段石阶，从"众风之穴"的洞口，进入人工开凿的山洞，乘电梯直下40多米深处。那里开有大窗，瀑布就在窗前奔泻，跌落水面时，现出千姿百态的旋涡，人们仿佛置身在水帘洞中了。

瀑布的夜景更是好看，美国和加拿大都向瀑布照射彩色探照灯光，五颜六色，映在河面上，与对岸商场、游乐场上的霓虹灯相辉映，更显得神奇和迷人。

第五章 文明遗迹

失落的亚特兰蒂斯文明

几千年来，人们一直在寻找亚特兰蒂斯（也叫大西洲）的踪迹，猜测它的去向，但总是失望而返。

关于亚特兰蒂斯的传说，最早出自古希腊哲学家兼数学家柏拉图（公元前427～前347）之笔。他在两篇著名的对话著作《克里奇》和《齐麦里》中，详细记述了亚特兰蒂斯的故事。

相传在12000多年前，那里是一个美丽富饶的岛国，坐落在海克力斯之柱以外波浪滔天的西海，也就是今日的直布罗陀海峡以西的大西洋中，面积有207.2万平方千米。

那里气候温和，森林茂密，花草繁盛，鲜果累累；河中有鱼，林中有大象等各种动物，还盛产金、银、铜等物产，真可谓一片得天独厚的乐土。建在岛中心的都城宏伟壮观，高高的城墙上，镀着铜和锡，特别是那富丽堂皇的宫殿和庙宇，都是用金、银、黄铜和象牙装饰起来的。岛上还有四通八达的运河系统、建筑完美的桥梁、日夜繁忙的港口……国家繁荣昌盛，人民安居乐业。

后来，亚特兰蒂斯的社会开始腐化了，邪恶代替了圣洁，贪财爱富，好逸恶劳，穷奢极欲代替了天生的美德，最后统治者甚至对外发动侵略战争，企图奴役直布罗陀海峡以东地区的居民。这触怒了海神，上天决意要狠狠惩罚背叛亚特兰蒂斯传统信仰的人。不久，灾难终于来临，在一次特大的地震和洪水中，整个亚特兰蒂斯仅在一日一夜中便沉入海底，消失在滚滚波涛之中。

这个故事听起来十分玄乎，但柏拉图多次强调，他转述的是历代口述相传的事实。为了这个传说的真伪，后人争论了 2000 多年。

用现代地质学的观点来看，地球上沧海桑田的变化是不足为奇的。偌大的陆地可以被海吞噬，茫茫大洋中也会升起一块新陆地。气候变迁，冰川融化，海面上升，以及诸如火山爆发、地震等地质灾变，都有可能造成像亚特兰蒂斯那样的厄运。令人费解的是，那失落了的亚特兰蒂斯文明，竟出现在 12000 年以前，这在人类历史上正值旧石器时代晚期，难道地球上还存在过比古埃及、古印度和中国等已知古文明更早的史前文明吗？

究竟亚特兰蒂斯文明的遗迹在哪里？有人说在高加索的西部，后来陆地沉入黑海海底，证据是苏联考古队曾在黑海找到深入海底的古城；有人说在克里特岛以北的爱琴海海底，因为这里曾有过不少古文化的遗迹；有人认为在大西洋的百慕大魔鬼三角区，证据是一些探险家在这里发现了海底城市的遗迹。

随着科学技术的发展，新的发现层出不穷。如果将大西洋的海水抽干，就会发现亚速尔群岛附近巍然隆起，成为海底高原。这块海底高原的位置、大小和形状，都与柏拉图笔下的亚特兰蒂斯相似。对海底岩石取样研究，证明在 1 万多年前这块海底高原曾经是一块陆地。更耐人寻味的是，水下摄影发现，这里海底有古代建筑物的断垣残壁。关于亚特兰蒂斯之谜的争论，仍在继续。

英格兰的巨石阵

在英国英格兰南部的历史名城索尔兹堡附近，有一个小村庄叫阿姆斯堡，村西边的旷野上耸立着一组高大的巨石，在直径 140 米的圆形洼地上，由 30 根巨石竖起组成四个柱状同心圆圈，圆心是一块平坦的石块，世人称之为"巨石阵"。从远古到现在它们就一直存在，没有人知道它们来自哪里，也没有人知道为什么它们要在这里停驻。千万年的岁月，风雨的侵蚀，只是徒增了巨石的神秘。

古英语中，"巨石阵"意为"高高悬在天上的石头"，远观巨石阵，确如从天伸入地中一般。这些巨石高七八米，平均重量 28 吨左右，直立的石柱之间还用厚重的巨石横梁相连，彼此相依，形成了一个长廊。巨石阵中间有 5 组门状石塔，呈马蹄形排列，也被称为拱门，其中最高的一块重达 50 吨。这个马蹄形位于整个巨石阵的中心线上，开口正好对着夏至日这一天日出的方向。

据放射性同位素测定，巨石阵是一项历时近千年的伟大工程。这一工程的建造开始于新石器时代后期，公元前 2750 年左右，分三个阶段进行。据考古学家们分析，那平均重二十七八吨的巨石是从 30 千米至 200 千米以外运来的。建造者们首先挖出一道圆形的深沟，并把挖出的碎石沿着沟筑成矮墙，然后在沟内侧挖了 56 个洞，但这些洞挖好之后又被莫名其妙地填平了。公元前2000年开始巨石阵建筑的二期工程，这次最早修筑的是一条两边并行的通道。三期工程大约始于公元前1900年，建成了巨石阵的大体模样——林立的巨石，横卧的石梁。其后在500年期间，巨型石柱的位置被不断调整，重新排列，终于形成了欧洲最庞大的巨石结构。

据考古学家考证，巨石阵大约于公元前2750年开始建造，距今已将近5000年，其建造时间可能比埃及最古老的金字塔还要早。据估算，以当时的生产力水平，建造巨石阵至少需要3000万小时的人工。

在发掘中，始终没有发现轮载工具或是牲畜拉运的痕迹。建造者们是如何从数十甚至数百千米的地方把重二十七八吨的巨石运来的？曾有专家组织人用最原始的工具试图把一块重约25吨的巨石从几十千米外运来，但几经努力，都没有成功。从实际操作技巧看，有些巨型石块单靠滚木和绳索恐怕得用上千人才能移动起来，所以有理由相信，建造者们绝对不是一个未开化的民族。

尽管考古学家们已经确定了巨石阵的建造年代和建造方法，但始终无法回答建造这样庞大的巨石结构到底出于什么目的。有人认为它是早期古代人建造的墓地，有人认为它是宗教活动的场所，有人认为它是古代祭祀的祭坛，有人认为它是供奉用的神殿，有人认为它可能是一个刑场，也有人认为它是战争纪念物，还有人说它是一个天文观测台，甚至有人认为它是外星人的创造……

掩埋在地下的古城

　　在风景如画的意大利亚平宁半岛中南部西海岸边，有一座海拔1277 米的维苏威火山。在这座火山的旁边，有历史上古罗马的休养地庞贝城和赫库兰尼姆城，史书上经常提到它们。可是，自公元 1 世纪末以来，这两座城市在历史记载里中断了，在地球上也突然消失了。

　　公元 79 年 8 月 24 日下午，维苏威火山突然爆发。先是发生地震，接着从山顶升起一团团烟雾，直上 5000 米高空，浓黑的烟雾扩散开来，使太阳顿时失去了光辉，整个小城笼罩在一片黑烟浓雾之中。亿万吨的火山沙砾和火山灰，像冰雹般落下。那时候，大地震动，天昏地暗，那不勒斯湾的海水汹涌翻滚。不久，山顶上又升起了巨大的火柱，大量的熔岩流从喷火口沿着山坡往下冲，像一条条火龙，吞没了沿途的山林、果园和城镇。水蒸气在高空遇冷凝结，突然间倾盆大雨倾泻下来，雨水冲刷着山坡上的火山砾和火山灰，形成一股巨大的泥石流。葡萄园被吞噬了，庞贝城和赫库兰尼姆城都被掩埋了，从此，这两座生机勃勃的地中海滨海小城，就消失得无影无踪了。

　　事隔 1000 多年，在 1748 年，一位意大利工人在打井的时候偶然挖出一些石碑和大理石神像，这引起了大规模的地下发掘工作。经过 200 多年的陆续挖掘，使庞贝古城 3/4 的面积重见天日，向世人展示了庞贝古城的风貌。

庞贝古城每边由约 2 千米的城墙包围着，街道规划得很好，像棋盘一样井然有序。现在，参观者可以在这罗马古城的街道上漫步，穿行于近 2000 年的古老建筑物之中，可以清楚地看到古罗马人的生活情况。屋顶虽然坍塌了，但遗物、遗尸却保存得相当完整，古城的面貌清晰可见；古城的街道，圆形的剧场，壮丽的寺院，美丽的壁画和雕像，用介壳装饰的公共喷水池。许多住宅依然完好，门上留有主人的名字，屋内陈设了许多家具、器皿和用具。商店里保存着杏仁、栗子等果品，还有面包和药丸，十字路口有公用水管的汲水处，水管似乎接到了各家各户。城内的一个大剧场能容纳 5000 名观众，一个圆形体育场能容纳 10000 名观众。

人们在庞贝古城中已发掘 2000 多具人的尸骨和不少牲畜骨架。根据这些骨架的形状，可以看出当初火山爆发时人畜惊恐万状的情况。有人蹲地掩鼻而亡，有人趴在地上痛苦挣扎着告别人世，有人头顶枕头在街上狂奔死在路上，也有人手持钥匙，正想打开房门突然被火山灰埋没而亡。一只狗脖子被链子拴住，正在跳跃挣扎……

由于覆盖在赫库兰尼姆古城上面的岩浆岩很坚硬，发掘比较困难，所以至今只有古城的一部分露出了真面目。现在，已经挖出古城的 4 个街区，包括石头街道、古罗马广场、设有行政部门和法庭的大会堂和竞技场。庞贝古城中大多数建筑物都倒塌了，而赫库兰尼姆古城的建筑物中，都填满了火山灰，这些火山灰使绝大部分建筑物及室内物品得以保存下来。门窗仍然可随意开关，青铜汲水器依旧可以运转自如。

灿烂的迈诺斯文明

在古希腊南部的蓝色地中海中，有一个笼罩在神秘面纱之下的岛屿，它就是克里特岛。在希腊神话中，迈诺斯是天神宙斯的儿子，他创造了令世人惊叹的迈诺斯文明，在克里特岛上建造了神秘莫测的克诺索斯迷宫。

据传，由于迈诺斯野心勃勃，专横跋扈，因而触怒了天神宙斯，天神决定设计惩罚他。迈诺斯娶了太阳神的女儿为妻子，使其成为克诺索斯国王后，天神宙斯计王后生下了一个牛头人身的怪物，人称"迈诺牛"。国王迈诺斯恼怒异常，下令为怪物建造了一座迷宫，用来关押怪物。迷宫道路迂回曲折，外人一旦误入，就很难找到出口，而牛头怪物专门吞吃进入迷宫的陌生人。迈诺斯征服雅典后，下令雅典国王每年进贡 7 个男童和 7 个女童，以供牛头怪物食用。雅典王子特修斯为了拯救雅典的童男童女，决心到克里特岛，杀死迈诺牛。于是特修斯带了一把利剑和一个线团进入迷宫，他将线团的一端拴在迷宫入口处，然后放线团，沿着曲折的通道，向迷宫深处走去，终于用剑杀死了牛头怪物，然后沿线团所示的路线逃出了迷宫。

1900 年 3 月，英国考古学家阿瑟·伊文斯率领考古队来到了克里特岛，在对克诺索斯进行考古挖掘时，发现了一座王宫的废墟。经考证，这座王宫坐落在凯夫拉山的缓坡上，占地面积22000平方米，有大小宫室1500多间，周围曾经古木参天。王宫由东宫和西宫组成，包括国王殿、王后寝室、仓库等。占地1400多平方米的长方形中央庭院把东宫和西宫联结为一个整体。位于高坡上的西宫大部分宫室是三层建筑。这些华丽的建筑廊道迂回、宫室交错，许多建筑看起来显得杂乱无章，一走进去就难以找到出路，如入迷宫。在迷宫的墙上，还有壁画，刚出土时，色泽鲜艳，其上有斗牛的图案，这似乎暗合雅典王子特修斯与牛头怪物相斗之意。

在王宫中，还发现了2000多块泥板，上面刻着许多由线条构成的文字。有些印章和器皿上也发现了同样的文字。后人称它为线形文字，它记载着王宫财物的账目，计算法是十进制。一块泥板上赫然写着"雅典贡来妇女7人，童子及幼女各1人"。不禁使人想起牛头人身怪物的故事。那么，怪物吃人之事是真的吗？

考古学家的研究表明，在公元前2300年至公元前1500年间，克诺索斯王国的文化盛极一时，在最后的一二百年中，正是迈诺斯王朝。当时，迈诺斯王朝称雄爱琴海，威震雅典，是联系欧、亚、非三洲国家的纽带。迈诺斯充分利用了这一优越的地理位置，发展造船业，建立世界上最早的一支舰队，使他的国家与地中海沿岸的很多地区保持贸易往来，并成为他建立海上霸权和殖民地的力量保证，爱琴海诸岛纷纷向迈诺斯称臣，雅典也向他纳贡。无疑，克里特岛是欧洲古文明的发祥地之一。

由于迈诺斯王宫的发现，人们发现了公元前15世纪爱琴海地区曾有过的灿烂文明，这一文明被后人誉为"迈诺斯文明"。

消逝千年的楼兰古城

在我国西部的塔克拉玛干大沙漠东部的罗布泊地区，有一座神秘的楼兰古城被茫茫的流沙埋没了千余年。

据史料记载，楼兰古城在历史上正处于古丝绸之路南线的必经之地，是中西方贸易的一个重要中心。西汉时，楼兰的人口总共有14000多，商旅云集，经济繁荣，市场热闹，还有整齐的街道、雄伟的佛寺、高耸的宝塔。然而，当时的匈奴势力强大，楼兰一度被他们所控制，他们攻杀汉朝使者，抢掠商人。汉武帝曾发兵破之，俘虏楼兰王，迫其附汉。但是，楼兰又听从匈奴的反间计，屡次拦杀汉朝官吏。汉昭帝元凤四年（公元前77年），大将军霍光派遣傅介子领一批勇士前往楼兰，杀死了楼兰王，改国名为鄯善，并且设都护、置军侯、开井渠、屯田积谷，加强了对楼兰的管理。东晋后，中原群雄割据，混战不休，无暇西顾西域，楼兰逐渐与中原失去联系。大约在公元5世纪之后，楼兰这个繁荣一时的城镇竟然神秘地消失了。

1274年，意大利人马可·波罗重走丝绸之路，本以为能发现楼兰古城，却失望而归。1900年，瑞典探险家斯文·赫定为了寻找移动的罗布泊，率领一个考察队来到了孔雀河畔，发现在这一片寸草不生、满目凄凉的沙漠中竟有一座古城，城墙高 4 米，厚 8 米，每边长 300 多米，城内残存着街道住宅的废墟、房舍寺庙的残垣，满地唾手可得大量的古钱币、碎陶片，还有丝绸织品、佛像、器皿和毛笔，以及字迹依稀可辨的汉字木简和纸张文书。一幢幢房屋，还半掩着门，屋内土灶、锅台仍在，仿佛主人刚刚出门……从此，这座消失了 1500 多年的楼兰古城又重现于世。

自斯文·赫定考察楼兰古城之后，德国、俄国、英国、美国、日本等许多国家的地理学家和考古学家纷至沓来，他们搜刮大量的珍贵文物，但对楼兰古城的消失之谜都没有给出满意的见解。新中国成立后，我国的科学工作者多次对楼兰古城遗址做了全面的考察和调查，对这一古城的消失做了各种推测。

有人认为是由于丝绸之路改道和异族入侵导致了楼兰的衰亡。楼兰处于古丝绸之路南线的必经之地，东晋以后，随着古丝绸之路北迁经敦煌、伊吾（今哈密）一线后，楼兰逐渐衰落。以后又由于西凉、吐蕃等异族入侵，使楼兰人多次外迁流散。

还有人认为是由于河流改道导致了楼兰的消亡。原先水量较大的塔里木河是注入罗布泊的，后来塔里木河改道南流，注入台特玛湖，于是只有孔雀河一水注入罗布泊，孔雀河水量不足，使原来水草和树木繁茂之地，逐渐变成风沙弥漫之地，致使楼兰人背井离乡。

更多人则认为是由于气候变迁导致了楼兰的消失。根据科学家的研究，近 5000 年来我国气候变迁经历了四个温暖期和四个寒冷期。楼兰兴盛时期正处在冷湿气候期，后来就进入了暖干气候期。由于气候趋于干旱，从前湖泊密布的楼兰开始沦为黄沙遍野的不毛之地，楼兰古城终于在风沙的摧残下走向覆灭。

湮没的古格王城

300 多年前，位于西藏阿里的札达县，有一个拥有 10 万人口的古格王国神秘地消失了，如今只在距札达县城 3000 多米的象泉河南岸的黄土山上，留下了一座古格王城的遗址。

17 世纪初，与古格王国同宗的西部邻族拉达克人发动了入侵古格的战争。最后拉达克人征服了古格王国。但让人感到奇怪的是，一个有着 700 多年历史和 10 万人口的国家，在这次被征服后就突然消失得无影无踪。

单纯的一场战争是无法消灭 10 万民众的，这 10 万民众的下落也就成了谜。古格王国的居民去了何方？如果古格王国还有后裔，那他们又在哪里？这都是吸引考古学家进行探索的未解之谜。

从现存的古格王城遗址看，古格王城依山而建，在遗址东北侧屹立着 3 座 10 米高的佛塔，这也是佛教对古格王城影响的见证；山坡上，蜂房似的密布着 800 多孔洞窟；中间有数幢红墙白壁的建筑，那是完好无损的庙宇。通过这些遗迹，仍可见当年古格王城的辉煌。

古格王城的住宿有严格的等级制度，山下是奴隶居住，山坡上是达官贵族的住所，有的洞窟则是僧侣的修行地。古格王城的王宫坐落于山的最高处，只有一条小路能从山下通向皇宫。这个易守难攻的地形，引出了古格王城灭亡时的凄美故事。

据记载，1630 年，古格王城因佛教与王权的斗争而爆发了内乱，恰在此时，与古格王国同宗的西部邻族拉达克人发动了入侵战争，但拉达克人久攻古格都城不下。在这种情况下，拉达克人将俘虏的古格臣民驱赶到前沿阵地，命令他们从山脚下往山顶修筑一道高大的石墙。

看到臣民在烈日下因修石墙而惨死，古格国王决定接受拉达克人的条件，降王为臣，以保全古格民众的生命。这场战争后，古格王城就此沦陷，它的人民也再不见诸任何史料记载，唯一留下的就是在遗址中的一座无头干尸洞。

在 300 多年后的今天，让所有到此参观的人感到吃惊的是，经历了 3 个世纪的变迁，古格王城遗址中的壁画仍然保存完好，好像昨天才刚刚制作完成。在 300 多年的时间里，人类不知道它的存在，没有人类活动去破坏它的建筑和街道。到现在，漫步在古城遗址中，还不时可以见到深深地嵌入土山中的铠甲片和铁箭镞。

在古格王城的遗址中，人们还发现了大量的藤制盾牌和藤制箭杆，但这一地区是一片荒漠，根本没有藤树，据此也有人说古格王国是西藏高原上的农业国。如果此言属实，那么这一地区的地理环境在这 300 多年里竟然发生了惊人的变化，究竟是人造就了古格王城，还是古格王城造就了生活在这里的人？这都有待于历史学家的进一步考证。

被废弃了的吴哥窟

1861 年，法国博物学者亨利·穆奥为采集一种珍奇的蝴蝶标本，来到了柬埔寨。他乘小船沿湄公河上溯，来到洞里萨湖。在那里下船以后，他雇了几名柬埔寨人引路，向热带丛林深处进发，意外地发现了一座让世界震惊的古堡——吴哥窟。

这座隐藏在热带密林深处的古堡，规模宏伟，建筑精美，高耸的石塔在密林中金光闪闪，格外醒目。吴哥窟位于柬埔寨首都金边西北约 240 千米的洞里萨湖附近，东西长 1400 米，南北宽 820 米，周围有一条宽 20 米的沟壕环绕。一条笔直的石板大道，直通中间大殿，大殿的墙壁上全是精美的浮雕，中部还有一座石塔，高达 75 米。

在吴哥窟北面 100 米处，有一座建筑富丽堂皇的吴哥王城。吴哥王城方圆 10 平方千米，俗称大吴哥，是高棉帝国的最后一座都城。它由边长 3 千米、高 7 米的城墙围住，各边中央开一门，东边还多开一个门，共有 5 个城门。王城的北门前，矗立着怀抱大蛇的巨人石像，右边的是"恶神"，左边的是"善神"。吴哥王城内有宫殿、图书馆、浴场、回廊等，所有的建筑上都刻有仙女、大象、佛像等精美的浮雕，至今几乎完好无损。王城中央有座四面塔，雕刻在塔上的菩萨有 4 种面孔，饶有趣味。

从吴哥王城的规模可以估计出，这座古城繁华时，约有 200 万居民。吴哥的宏伟建筑和精美的浮雕，显示出当时吴哥贵族的豪华生活，众多的寺庙、佛塔和神像，则显示出他们的信仰和宗教生活。研究发现，吴哥窟已经安静地沉睡了 500 多年，也就是说这里 500 多年前可能发生了一场不为人知的大浩劫。

据考古学家考证，9 世纪初，柬埔寨人的祖先——高棉族的贾牙巴尔曼二世从东南亚来到这里，统治了相当长一段时期；12 世纪初，苏利亚巴尔曼二世建造了吴哥窟；12 世纪至 13 世纪，贾牙巴尔曼七世修建了方圆 12 千米的吴哥王城，并挖掘了两个灌溉用的人工湖。据说东人工湖宽 1800 米，长 7000 米；西人工湖宽 2300 米，长 8000 米，是当时世界上最大的人工湖。

传说，公元 1171 年，吴哥遭到邻国的侵袭后，国王耶跋摩七世对印度教主神的保护力失去信心，于是古高棉人全体放弃了印度教，转而皈依佛教，采纳其放弃暴力、信奉和平的生活方式。这种宗教信仰的改变导致的结果是，泰族军队在公元 1431 年，未遇任何抵抗便占领并洗劫了吴哥。

关于吴哥窟被废弃的原因说法很多。有人认为，可能是因为洞里萨湖的湖水泛滥，毁灭了吴哥；有人认为，可能是流行鼠疫、霍乱之类传染病，没到一个月，200 万居民全部死绝；也有人说，由于发生了内讧，居民互相残杀，死伤殆尽，空留下这些宏大的建筑；还有人认为，是敌军突然占领全城，200 万人悉数沦为奴隶并被带走。可是，即使如此，总该留下些痕迹吧？然而吴哥遗址并未见任何人为的破坏和毁灭，既没有战争的痕迹，也未见尸骨累累，一切都似乎消失于自然之中。吴哥窟留给人们无尽的神秘。

土耳其的地下城市

1963 年，在土耳其首都安卡拉东南 300 千米的卡巴杜西亚高原上的德林库尤村，爆出一条大新闻：一个农民在院子里掘地时，偶然发现一个洞口。村民们架着梯子顺着洞的入口，通过 8 层过道，找到一个无所不包的地下城市。通往地下城市的通道隐藏在村子各处的房屋下面。这个古城在地下层层叠叠，深数十米，而且纵横交错。据勘探，地下古城的年代远比基督教建筑要早得多，在历史上也没有任何记载。在地下古城中，布满了地道和房间，居室、礼堂、酿酒坊、牲畜圈、仓库等设施应有尽有。在古城的中心还有通气孔与地面相连。

从现在的挖掘来看，地下城的规模相当大，有 35000 条小型通道，纵横交错的隧道两旁，排列着无数住宅，还有礼堂、作坊、水井、食物储藏室以及专做墓地的洞室。52 个通风管道通向地面隐蔽处。据勘测，从地面通风口算起，最深的地下通风井竟有 86 米深。在地下城内，人工开凿的石阶到处可见，每层之间都以石阶相连。据估计，这个地下城市可容纳 20 万人。

到目前为止，在这里已发现地下城市不下 36 处。当然，有的只能算是地下村，因为它们小得只能容纳几户到几十户人家。地下城大多是超过 13 层的立体建筑。最大的是具备城市规模的两座地下城，这两座城市之间有 9000 米长的隧道相通。如此庞大恢宏的地下城，究竟是谁建造的呢？

有人认为，肯定不是土著居民，而是从远地避难而来的人建造的。他们之所以选择卡巴杜西亚地区，是因为它荒凉，不会引起外人注意。村民们最初是用石头砌房子，后来觉得用石头砌房子还不如直接凿房于岩石内，并由地面逐渐延伸到地下，于是发展为地下城。

那么，最早的居民是谁呢？他们是从哪里来，又到哪里去了？这些地下城是怎样凿成的？这些至今仍是未解之谜。

土耳其从公元前起就是不同民族和文化的熔炉，在历史上曾先后被赫梯、高卢、希腊、马其顿、罗马、帕提亚和蒙古人入侵并统治，但这些地下城的出现时间似乎比这更早。考古学家已经在最底下的一层中发现了闪米特时代的器物。闪米特是一个古老的神权民族，大约在公元前 1000 年曾在这里生活过。人们据此判断，这些地下城早在赫梯人以前的时代就已经存在了。有人甚至认为它的建造可追溯到新石器时代，因为人们早已在卡巴杜西亚西南发现了新石器时代用来制造石斧、石刀的黑曜石石场，而卡巴杜西亚不远处就有 9000 年前的人类古城遗址。

这么宏大的工程绝非一年半载就可完工，仅仅凿通两座城市之间的一条 9000 米长的隧道，就要 1000 人连续工作 10 年以上。而整个工程需要更多的人和极大的劳动量。如果说，新石器时代的人们，仅凭原始的石刀、石斧、木棍、草绳等简陋工具，要完成地下城的建造工作，其难度可想而知，更何况他们的工作好多是在地下和石头打交道，这实在令人难以置信。

神秘的埃及金字塔

　　位于埃及尼罗河下游、开罗以南 10 多千米的地方，耸立着一群锥角形的建筑物，这就是世界闻名的金字塔。

　　金字塔是古埃及国王的陵墓，约建于公元前 27 世纪，大大小小共有 70 多座，其中绝大多数已成废墟或被沙土埋没，唯有两座保存完好。一座是位于开罗西南约 10 千米的基萨大金字塔，建于公元前 2690 年，又称新金字塔；一座是位于开罗西南 27 千米的萨克拉哈金字塔，建于公元前 2800 年，又称老金字塔。

　　现在人们讲的埃及金字塔，通常是指基萨大金字塔，因为它规模最大，工程最宏伟，保存最完好。这座金字塔是古埃及第四王朝法老胡夫的陵墓，被誉为古代世界七大奇迹之一。

　　基萨大金字塔塔基占地 52900 平方米。塔底为正方形，每边长 230 米，高达 146.5 米，有 40 层摩天大楼那么高。金字塔用 230 万块巨石砌成，平均每块重 2.5 吨，最大的竟重达 50 吨。

　　古埃及人是用什么方法将这么多的重 2.5 吨的石料运来的呢？当时根本就没有带轮子的车辆，如果靠人力把这么沉重的石块放在木橇上牵引，需要 20 个人才能将其移动，而且地面必须平坦。

　　最难以想象的还是堆砌金字塔的过程。要是让现代人不用起重机，把这么重的巨石搬到 100 多米高的地方，也是很难办到的。

历史学家推测，古埃及人最可能采用的方法，大概是用泥土先堆成一个大斜坡，然后把石块顺坡拖上去。如果按这个说法，塔建成后，还要移走土山，可是，人们在金字塔附近，从来没有见到一点土坡的痕迹，连石头渣子也没有。

另外，金字塔的修筑也是一件令人费解的事。因为金字塔的设计非常准确，底部每边的长度最大误差不超过 20 厘米，四个角都接近 90°，石头之间没有任何东西黏合，许多石头严严实实地垒在一起，要想往中间插一张薄纸都不可能。真难以想象，当时的埃及人根本没有有效切割石头的工具，也没有先进的运输手段，怎么能精确地凿开数百万石块，并且一块一块地把它们垒好？

金字塔是法老们的陵墓，里边存放着他们的干尸——木乃伊。这些木乃伊终年存放于温度高湿度大的墓穴中，为什么不腐烂呢？

基萨大金字塔的墓穴，是由三个墓室（王室、后室和地下室）组成的。其中地下室已废弃，后室也只剩空屋一间，只有王室原是存放法老棺材的地方，还留下没有盖的花岗岩凿成的石棺一具，棺内的木乃伊等物，早已移至埃及历史博物馆。王室四周用红色花岗岩石砌成，十分豪华。

据说，金字塔内若存放蔬菜、水果，长久新鲜，不致腐烂。金字塔又不是冰箱，在高温的环境里，蔬菜、水果为什么不会腐烂呢？

金字塔留给人们许多谜团，世人至今还无法揭开笼罩在金字塔上的神秘面纱。

泯灭的亚历山大灯塔

公元前336年，古希腊最为显赫的风云人物亚历山大，在20岁的时候继承了王位，成为马其顿国王。他率领希腊联军，在埃及尼罗河附近建起了一个希腊化的城市，并用自己的名字命名为"亚历山大城"，命大将托勒密驻守于此。公元前323年亚历山大去世后，他的将领托勒密在埃及称王，把亚历山大城定为首都，托勒密家族成为埃及最高统治者。

据说，公元前280年，托勒密在海上的法罗斯岛建造了一座世界著名的法罗斯灯塔。关于这座灯塔，历史典籍中有过记录。灯塔的塔身是由下、中、上三个部分组成的。下层塔身底部呈方形，塔身随着上升逐渐收缩，高约71米，底部每边长约35米，上面四角各置一尊海神波赛冬的儿子吹海螺号角的铸像，以此表示风向的方位。中层呈八角形，高约34米，只相当于下层高度的一半。上层呈圆柱形，高约9米，上层塔身之上是一圆形塔顶，其中一个巨大的火炬不分昼夜地燃着火焰。塔顶之上铸着一尊高约7米的海神波赛冬青铜像。

3层塔身高114米，加上塔顶和塔顶之上的青铜立像，高度约

135 米。据说，在距离它 60 千米外的海面上就能看到它的高大躯体。而由凹面金属镜反射出来的耀眼的火炬火光，使夜航船只在距离它 56 千米的地方，就能够找到开往亚历山大港的航向。

一段时间以来，一直没有关于灯塔真实存在的证据出现，以至于有人认为，历史典籍中所描绘的高耸入云的法罗斯灯塔，也许只是个美丽的传说。

据考证，公元前 235 年的地中海大地震以及随之发生的海啸，将亚历山大城的无数建筑转眼间夷为平地，并使 5 万居民丧生，但法罗斯灯塔却奇迹般地保留了下来。不料在 1301 年和 1302 年，两次的强烈地震将灯塔顶部震塌。随后 1375 年又一次更加猛烈的地震，终于将残存的塔基倾覆于地中海海底，法罗斯灯塔从此销声匿迹。

1994 年，在法罗斯灯塔旧址附近修筑防波堤时，意外地发现了古代装载石料的船，令世人瞩目的海底考古开始了。考察队在灯塔旧址周围发现了大量古代文物，仅从海底发现的狮身人面像就达 12 座之多。其中，托勒密王朝二世制作的狮身人面像的头部重达 5 吨，其底座侧面刻有托勒密王朝二世的称号。另外在海底还发现 2000 多具巨型雕像，高度多在 13 米以上，单体重数十吨。经过长时间的水下搜索，考察队终于找到了法罗斯灯塔的塔身。经测量，塔底边长 36 米，在灯塔的每个侧面，都有大量的精美巨型雕像作为装饰。至于整个塔的形状到底如何，谁也说不清楚。

消失的法罗斯灯塔终于找到了，长期以来人们对灯塔是否存在的疑虑被彻底打消了。但为什么在法罗斯周围发现的大批雕像，有很多是 3000 多年以前古埃及时代的遗物，与传说中的灯塔建造的时间相差了几百年？

　　法罗斯灯塔究竟是在什么时候，由什么人建造的，至今尚未有定论。

大津巴布韦石头城

"津巴布韦"，非洲班图语意为"可敬的古屋"或"石屋"。大津巴布韦是非洲大陆东南端津巴布韦共和国200余处石头城遗址中最大的一个。

大津巴布韦可明显分为三个部分。在山谷开阔地上的大围场，是一座椭圆形的城寨，它依山傍崖而建。城墙周长240米，高10米，底厚5米，顶厚2.5米，城区面积4600平方米。距大围场千米外的小石山，是一座坚固的城堡。堡前只有两条羊肠小道通到山脚；堡后是峭壁悬崖，野兽也爬不上来。城堡城墙用石头垒砌，高约7.5米，底厚6米多，坚不可摧。在大围场和城堡之间，找不到什么大型建筑物的遗址。但从出土文物可以判断，这里是一个"平民区"。在高大的城墙顶上和城内建筑的石柱上，往往装饰着矫健的"津巴布韦鸟"。

那么，是谁建造了大津巴布韦石头城呢？

长期以来，西方学者不相信非洲人能够掌握如此高超的建筑艺术，能够创造出这样灿烂的文明，长期抱着"外来人创造"的观点。或猜是公元前的腓尼基人，越过撒哈拉沙漠南下建造的，或认为是印度商人、古埃及人建造的，甚至臆想大石头城是《圣经》所讲的以色列国王居住过的地方。

如果是外来人建造的，为何迄今为止尚未发现史书有记载？

今天，通过放射性碳法测定发掘物，经过一系列考古印证，有人认为，石头城是地道的"土产"，是非洲人自己的伟大创造。现代考古学家发现，大津巴布韦是一个强大非洲国家的中心，这个中心统治着津巴布韦高原的广大地区。古代的马绍那人发现津巴布韦高原是一个适宜人居住的地方。这里气候温和，雨量充沛，无边的草地提供了广阔的牧场。马绍那人主要靠畜牧业发展经济，牛羊成了他们与外部世界交换日常用品的中间物。该地区还盛产黄金、铜、铁、锡，后来黄金很快成了这一地区的主要出口物。到公元9世纪时，贸易已成体系。黄金从津巴布韦的东边流通到非洲和阿拉伯商人的手里。这些商人又用黄金换回其他地区的产品，然后运到非洲内地。在大津巴布韦，考古学家已经发现中国的陶瓷器物、印度的珍珠、伊朗的地毯等很多古物。

黄金贸易给以放牧为生的津巴布韦高原上的马绍那人带来了财富，公元11世纪时，国王与贵族阶层出现。这些富裕的上流社会的人往往在山顶建房，并且用石墙围绕自己的住宅区，这些围墙并不是用来保护贵族的，而是用来标志贵族与普通百姓之间的差别。现代考古学家已经发现了多达150处圆形石围场的遗迹，还有50多处已被破坏了。其中一部分规模较小，仅可容纳20个人；另一些则规模较大，而最大、最雄伟的就是大津巴布韦石头城。

那么，石头城是如何毁灭的呢？有人认为，15世纪末，这里的矿产枯竭了，再加上草场退化，土地沙化，生态环境恶化，养活不了那么多的居民，人们不得不舍弃石头城北迁，再加上19世纪西方国家的掠夺，石头城终于化为一片废墟。

消失了的玛雅文明

有人在中美洲洪都拉斯的丛林中，发现了一座古城遗址。遗址包括金字塔、庙宇、祭坛、石碑等。据考证，这座古城在遥远的过去，曾经是玛雅古国的首府。之后，一批批考古人员来到中美洲，寻找玛雅文明的遗迹。结果在墨西哥、危地马拉、洪都拉斯、秘鲁等地，共发现古代城市遗址 100 多处。它们向人们表明，远在 3000 年以前直至公元 8 世纪，玛雅人生活在这一地区。

玛雅人建造的建筑物有很高的艺术水平。在建筑物上，有大量的神、人、动物雕像。其中一处狮头人像，一手举着火炬，一手握着蛇，嘴里还衔着一条蛇，造型别致，雕刻精美。玛雅人建的金字塔十分壮观。有一座金字塔高 10 层，每层均有石阶相通，塔顶是平台。当年，玛雅人每天要几次爬上塔顶的神坛做祈祷。

玛雅人很早就掌握了不少农业生产技术。科学家用高空雷达对中美洲地区进行了扫描，再用计算机对所测数据进行处理，结果发现这一地区有纵横交错的水渠网遗迹。经研究，这些水渠是玛雅人挖掘而成。玛雅人用水渠进行灌溉或排洪。玛雅人种植玉米、豆类、瓜类、西红柿、剑麻等作物，为人类的农业生产做出过重要贡献。

玛雅人很早就有了文字。他们的文字既有图形，也有音节和音标符号，词汇多达 3 万个。玛雅人有令人叹服的数学和天文知识。玛雅人很早就发明和使用"零"的概念，比欧洲大约早 800 年。玛雅人创立 20 进位计数法和 18 进位计数法。玛雅人认为一年为 365.2420 天，这与现在计算的 365.2422 天相差很小。他们把一年分为 18 个月，每月 20 天，再加上 5 天禁忌日，总共 365 天。玛雅人还算出金星的历年为 584 天，与今天计算的 584.92 天接近。尚处于农耕社会的玛雅人，如何具备这么先进的数学和天文知识，至今仍是个不解之谜。

公元 900 年前后，各地的玛雅人突然抛弃了他们所建造的城市和肥沃的土地，向深山迁移。玛雅人创造的繁荣城市逐渐被荒草覆盖，他们创造的灿烂文化好像突然中断。玛雅人为什么这样做呢?

有人对此提出了各种假设，包括外族侵犯、气候骤变、地震破坏、瘟疫流行、人口剧增、环境恶化等，用以解释玛雅人的突然迁移行为。但是，各种假设均难以令人信服。后来，研究人员通过阅读玛雅文字，结合研究壁画和雕刻，得出了一个惊人的结论：玛雅文明突然消失，是玛雅人之间不断相互残杀的结果。考古人员经发掘，发现有数量巨大的玛雅人遗骨。玛雅人建造了许多庙宇，每个祭坛每天要杀数人祭神。玛雅人建起一座城市之后，便向其他部族进攻，以捕获大量俘虏用于祭神。这样，许多城市在战争中毁灭，大批大批的俘虏被残酷地杀死。历史学家估计，每年玛雅人因祭神而杀的人总计有 200 万到 300 万，在战争中也有大批人死亡。这样，由于人口锐减，在不长的时间里，玛雅文明便被毁灭了。

奇琴伊察古城废墟

　　位于墨西哥尤卡坦半岛北部的奇琴伊察，是世界上最著名的玛雅古城遗址。这座古城最早建造于公元432年，在此后漫长的岁月里，它经历了喧嚣的繁华和极致的没落。

　　对于纵横中美洲的玛雅人而言，建立领地而后将其废弃是一种永恒的生活，奇琴伊察也未能逃脱宿命。这处玛雅人的圣殿，集合了玛雅人所有的智慧和才能，彰显了一个奇异的文明进程。

　　建于10世纪的库若尔甘金字塔，雄踞在奇琴伊察正中，"库若尔甘"在玛雅语中意为"带羽毛的蛇神"，是玛雅人所崇拜的神祇。库若尔甘金字塔总高近30米，9层台阶逐层向上收缩，金字塔顶部是一个高达6米的方形神庙，庙内有一尊美洲豹石雕，周身镶嵌玉石碎片，据传这是雨神恰克的动物化身。羽蛇神雕刻布满了飞檐、墙壁和石柱，浮雕上的象形文字讲述着没有人能看懂的往事。

　　库若尔甘金字塔四面台阶和阶梯平台的数目，正好是一年的天数和月数——365和12。52块浮雕石板恰恰是玛雅日历中一轮回年。台阶最下端是一对硕大的蛇头，伸出近1.6米长、0.35米宽的巨舌，远远看去犹如两条巨蛇正从塔顶蜿蜒而下。

　　奇琴伊察的武士庙是当时世界上最超前的建筑杰作，1000根圆柱就像 1000 个武士守卫着神明。而今苍穹形的石头房顶没了踪影，只留下雕刻有蛇头的立柱。天文台是古城遗址中唯一的圆形建筑，内部设置旋梯连接各层。通过天文台圆顶的 8 个小窗门，玛雅人观察斗转星移，世代变迁。

"奇琴伊察"在玛雅语中的意思是"伊察人的井口"，这个名称生动地提示了一个问题，该城周边丛林密布，却没有河流湖泊，仅靠天然的地下水池维持着部落的繁衍生息。因此，祭祀雨神是玛雅部落最重要的宗教仪式。每到献祭的日子，国王都要挑选一名 14 岁的美丽少女投入雨神宫殿中的圣井，同时将各种黄金珠宝丢入井中，以求来年风调雨顺。

在玛雅人突然消失后，这口汇聚无数珍宝的圣井，也渐渐被丛林荒蛮所湮没。20 世纪初，美国人汤普森仅用 17 美元就霸占了奇琴伊察大片土地，他试图在那里寻找失落的圣井。后来，汤普森确实找到了上万件金银玉器，但是那都来源于丛林中的一个洞穴，真正的玛雅人圣井依然埋没于密林之中。

奇琴伊察的球场规模之大，令其他玛雅遗迹汗颜。7 个巨大的球场长约 1000 米，宽 35 米，球场两端建有庙宇。对于玛雅人而言，球场上的竞赛是生死之战，失败就意味着死亡，球场上被砍头的失败者流尽鲜血。竞赛是玛雅人重要的娱乐活动，同时具有浓重的宗教意义，但其真正的意义我们还不清楚。

奇琴伊察的每一处遗迹都是一个未解之谜，每一个雕刻都别有内涵。玛雅到底是一个什么样的民族？他们到底来自哪里，又去了何方？这些都留待后人解答。

比米尼海底大墙

　　巴哈马群岛位于大西洋的西部，在美国佛罗里达半岛的东南面，古巴岛的北面，地处墨西哥湾、加勒比海和整个中美洲地区的门户。群岛由 700 个大小岛屿和近 2400 个岩礁组成，但目前只有 22 个岛屿有人居住。

　　1958 年，美国动物学家范伦坦博士曾到巴哈马群岛一带水域研究海洋生物。为了了解生物在水中生活的实际情况，他亲自潜入深海进行观测，意外地发现：这一带海底有许多巨大的形状各异的几何图形，正方形、三角形、圆形、正多边形，应有尽有，还有连绵好几海里的笔直的线条。

　　经过 10 年的不断观测，范伦坦发现，在巴哈马群岛所属的比米尼岛屿附近海底，有一道巨大的丁字形结构的石墙。这道巨大的石墙是由每块超过 1 立方米的大石块砌成的，其中有些较大的石块体积达 16 立方米，石块与石块之间有水泥浇筑的痕迹。石墙还有两个分支，与主墙成直角。这就是著名的比米尼海底大墙，全长约 1600 米。沿着这道石墙向前，可以看到一些结构更为复杂的建筑——平台、道路、几个码头和一座栈桥。在 3.5 米深的水下，还有一座长 54 米、宽 42 米的平顶金字塔。整个建筑遗址好像是一座年代久远的被淹没的港口。

这些海底古建筑到底是怎么回事呢？有些地质学家指出，这些石墙不过是较为特别的结构，并非人工筑成。还有一些研究者认为，天然形成的石块结构，无论如何，也不可能成批地具有平面直角的几何形状。因此，比米尼岛的海底石墙乃是人造建筑的遗址。

如果这些海底古建筑是人造的，那么它是什么人造的，造于什么时间，又有什么用途呢？

有些研究玛雅文化的学者认为，巴哈马群岛与玛雅人的故乡尤卡坦半岛相距不远，这些古建筑可能是古代玛雅人的杰作，只是由于后来的地壳变动而沉入海底。

有人指出，玛雅文化的兴盛时期在公元前 1000 年至公元 8 世纪，从地质学上说，这一时期，巴哈马群岛一带并未发生陆地下沉现象，并且玛雅文明虽然辉煌一时，但并非以巨石建筑闻名。从巴哈马海域陆地下沉的时间上推算，这些水下建筑大约建成于公元前七八千年间，因此应该是出自南美古城蒂亚瓦纳科的建造者之手。而这些水下巨石建筑方式，也与蒂亚瓦纳科城巨石建筑的多面体链式结构如出一辙。

但有人认为，蒂亚瓦纳科文化的影响一直是在南美洲的安第斯高原和太平洋沿岸，而巴哈马群岛位于大西洋西岸，两者间隔着中美地峡，而蒂亚瓦纳科文化并无越过中美地峡的先例，所以这种海底古建筑不可能出自古城蒂亚瓦纳科建造者之手。

近年，有人对附着在比米尼海底大墙上的红树根化石，进行碳同位素检测，断定它已有 12000 年的历史。

到底是谁在 12000 年前修造了比米尼大墙呢？一切还在探究中。

史前的蒂亚瓦纳科城

在南美洲安第斯山麓，秘鲁和玻利维亚交界处有一个高原湖泊——的的喀喀湖。在湖东南20千米处玻利维亚的高原荒野里，有一座神秘的印第安古城遗址——蒂亚瓦纳科城。

蒂亚瓦纳科城最引人注目的是由完整的一块巨型岩石雕凿而成的石门——太阳门。太阳门高达3米，宽达5米，造型庄重，比例匀称，重达百吨，真是无法想象人力是怎么搬运这块巨石的。似乎除了超人外，没有人能够做到。要把这么庞大沉重的石门立起来，必须要用大型起重机，而当时的印加人连车辆都没有，他们是怎样把这巨大的石门立起来的？

耐人寻味的是，太阳门不仅是个庞然大物，而且上面雕刻着极其精美的图案。门楣中央的浮雕上，那个双手持杖、头部放射万道光芒的人身豹头像，就是传说中的太阳神。其旁边是带有翅膀的勇士和人格化的飞禽。浮雕形象生动逼真，展现了一个深奥而复杂的神话世界。

太阳门不仅充满神秘的色彩和寓意，而且包含了深奥的历法计数系统。据说每年秋分这一天，黎明的第一道曙光会沿着门洞中轴线冉冉升起，准确无误地射入门中央。这反映了印第安人丰富的天文知识。有人猜测，太阳门上铭刻的众多图案和符号都具有历法功能。但是，这些图案和符号是如何表达历法的？又是如何计算出秋分时节太阳与太阳门位置关系的呢？

更让人惊奇的是，太阳门上竟然雕刻了一些剑齿兽等史前动物图案。经考证，这种动物早在 12000 年前就已灭绝了。那么早已灭绝的史前动物怎么会被雕刻在太阳门上呢？

从蒂亚瓦纳科城残存的遗迹看，这原是一座坚固而庞大的城池，建筑宏伟又严谨，四周都有用巨大石块砌成的高高的城墙。城西南是卡拉萨萨亚广场，这是一个长 210 米、宽 118 米的大平台，周围有一道巨石墙，石墙中每隔相等的一段距离，就竖着一根 4 米多高的石柱。在卡拉萨萨亚广场的西南角，矗立着一尊被称为"修道士"的巨大雕像，人们猜想它可能是一位大祭师。

蒂亚瓦纳科城废墟上还有一个巨石平台，长 40 米、宽 7 米、高 2 米，估计总重量在千吨以上。许多散乱石块的重量则在 100 吨到 150 吨之间。还有一些精细的石制管道和弯头，看上去好像是水管，但其真正用途至今不明。

从出土的各种遗迹来看，蒂亚瓦纳科城原来是建立在的的喀喀湖畔的一座港口城市，那时候的的喀喀湖水平面比现在要高 30 多米。大约在 12000 年以前，由于地震使湖水暴涨，湖堤溃决，引起一场大洪水。洪水消退后，随着地壳升高，的的喀喀湖的水平面日渐下降，湖面逐渐缩小，最后变成如今这样湖岸远离蒂亚瓦纳科城。同时这一地区的气候也逐渐恶化，变得日益寒冷，连农作物也不宜生长，于是史前的蒂亚瓦纳科城的居民不得不放弃苦心营造的家园，远走异乡。他们究竟到哪里去了？至今无人知道。

云雾笼罩的马丘比丘

马丘比丘是秘鲁南部古印加帝国的一坐壮观的古城，它坐落在层峦叠嶂、高达2500米的安第斯山脉之间。城址方圆13平方千米，遗址虽只剩下残垣断壁，但排列有序，宫殿、寺院、神庙等各具特色。古城的全部建筑都用巨块花岗岩砌成，石块之间结合紧密，不用任何黏合剂，全是石匠使用简单工具拼接垒筑而成。古城四周环绕着城墙。全城共有100多座巨石建筑，城内街道依山而设，错落有致。一座巨石砌成的城门——光荣门，矗立在一条道路的尽头，这是全城唯一供人出入的地方。

著名的"三窗神庙"是马丘比丘最重要的圣地，一堵巨大石墙上的三个窗口正对着安第斯山脉的层峦叠嶂，据说印加王朝的创始人就是在那里出生的。

在古城址的一个小丘上，有一块硕大的长方形石头，表面打磨光滑，棱角整齐，面向东方，在石上系着一条碗口粗的绳索。经考古学家考证，这就是著名的"因蒂万塔纳"，印加语意为"拴日石"。它是印加人供奉日神的一件圣物；在一块大圆石盘上，刻着度数，随着太阳的升落，石盘中心的矮雕柱在阳光照射下投下阴影，指示一天的时间。印加人崇拜太阳神，自称是"太阳的子孙"，所以在每座城中建一个神圣的拴日石，以示太阳运行的情况，象征捆住太阳，防止它坠落下去。而马蹄形的日神塔是马丘比丘举行宗教仪式的地方，建塔的巨石个个精雕细琢，而结合之处几乎没有缝隙。

为什么印加人把马丘比丘建在两个尖削的山脊之中？有人认为，答案就在它背后的一座山上。细看这座山，会发现它赫然是一张仰望天空的巨大脸孔的侧面。也许印加人是在浏览此景之余，决定让马丘比丘偎依在它身旁。

考古学家们发现，建造这座古城所用的成千上万块花岗岩来自同一采石场，它坐落在距离马丘比丘600米以外的山谷里。城墙由打磨得十分光滑的巨石垒成，这些巨石全都以各种角度连接在一起，组成一座宛如游戏拼图的城墙。有关人员发现有的巨石总共有33个角，但每个角都和毗邻的那块石头紧密结合在一起。

即使不考虑巨石的加工制作，就说这些巨石的运输，就算是动用现代化的设备，想把这些无比沉重的大石块运到高高的悬崖上，都是无法想象的。而当时的印加人不但没有现代化的运输工具，而且不会使用车辆，他们怎么能把这些巨大的石块搬到高山上呢？

秘鲁一些考古学家根据该城出土的陶器和金属制品，认为该城大约建于15世纪。16世纪初，印加帝国雄霸一方，坚固的马丘比丘城攻守兼备。但随着数百名西班牙人的闯入，很快帝国就灭亡了。马丘比丘也就成为一座失落的城池。

云雾笼罩的马丘比丘古城，给人们留下了多少历史的烟云？

复活节岛上的石像

在太平洋的东南部有个神秘的小岛，名叫复活节岛。复活节岛是孤独的，它虽然是智利的国土，却与智利远隔 3700 千米，离最近的岛也有 1900 千米；复活节岛是荒凉的，岛上没有溪流，物种稀少，岛的四周是陡峭的绝壁海岸；复活节岛也是神秘的，那谜团源于 1000 多尊石像，这些石像如孪生兄弟一般，全是高鼻子、薄嘴唇、宽眉毛、长耳朵的没腿巨人，它们有的站在岛的四周，有的停在搬运的途中，有的仍然躺在采石加工场里。

1722 年耶稣复活节那天早晨，荷兰探险家罗及文在太平洋东南部浩瀚无垠的洋面上航行，突然瞧见远处有一座小岛，以为是自己的新发现，于是将它命名为复活节岛。

复活节岛面积仅 118 平方千米，大致呈三角形，周围都是陡峭的海岸，因此要登上这个岛是十分困难的。岛上耸立着不少火山丘，最主要的有两座，即东侧的拉诺拉拉库火山和西南角的拉诺科火山。地面崎岖不平，布满大大小小的石块，植被稀疏。

复活节岛上的 1000 多尊石像，使整个岛笼罩着一种奇异而神秘的气氛。这些石像多数高 4~5 米，重约 20 吨，最大的一座高达 10 米，重 90 吨，未完成的石像中有的比它还要大一倍。所有的石像都是由火山凝灰岩雕凿成的。其外形大同小异，它们都没有腿，头部呈长方形，与躯干相比显得过大，耳朵也夸张地拉得很长，手臂生硬地垂在两边，双手贴在肚子上。每座石像都是表情冷漠，仿佛在沉思默想，它们被安置在祭坛或墓冢的平台上，两眼向外凝视着苍茫的大海，庄严肃穆。

复活节岛上还有约300座未完工的石像，它们横七竖八地伏卧在山坡上，旁边散乱地遗留着用玄武岩制作的石凿、手斧等工具，表明雕凿工作是出乎意外地突然停下来的。

究竟石像是谁雕凿的？这些雕凿家来自何方？他们又是在何时出于何种目的雕凿了上千座石像？在生产工具简陋的古代，这些人是怎样运输和竖起这么多庞然大物的呢？还有，雕凿工作为什么会突然停止？当欧洲人于18世纪来到复活节岛时，岛上的居民为什么对那些石像一无所知？是他们有意隐瞒真相吗？看来岛上这几百名居民，根本没有可能兴建那么多石像、祭坛、墓冢，人们不禁要问，石像的建造者到哪里去了呢？

对于这许许多多疑团，人们曾提出过不同的解释。也许是太平洋东部曾经有过一个文明古国，后来由于大自然发生了一系列不可抗拒的灾难，陆地沉入大海，最后只剩下这个岛了吧！岛上的石像是这一古代文明的幸存者，它们是当时的岛民为了向上天祈祷而雕凿出来的。

不是吗？这些石像忧虑地注视着不断进逼的大海，希望那可怕的灾难不要再发展下去。但最终的时刻还是来临了，雕凿家们不得不丢下工具四处逃命，然而却未能如愿。人们被大海吞噬了，大自然也重新恢复了平静，石像却默默无声地留在了岛上。